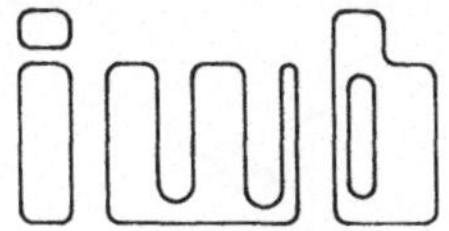

Forschungsberichte · Band 47

Berichte aus dem
Institut für Werkzeugmaschinen
und Betriebswissenschaften
der Technischen Universität München

Herausgeber: Prof. Dr.-Ing. J. Milberg

Lothar Gebauer

Prozeßuntersuchungen zur automatisierten Montage von optischen Linsen

Mit 84 Abbildungen

Springer-Verlag
Berlin Heidelberg GmbH 1992

Dipl.-Ing. Lothar Gebauer
Institut für Werkzeugmaschinen und Betriebswissenschaften (iwb), München

Dr.-Ing. J. Milberg
o. Professor an der Technischen Universität München
Institut für Werkzeugmaschinen und Betriebswissenschaften (iwb), München

D 91

ISBN 978-3-540-55378-6 ISBN 978-3-662-09541-6 (eBook)
DOI 10.1007/978-3-662-09541-6

Gesamtherstellung: Hieronymus Buchreproduktions GmbH, München
2362/3020-543210

Geleitwort des Herausgebers

Die Verbesserung der Fertigungsmaschinen, der Fertigungsverfahren und der Fertigungsorganisation zur Steigerung der Produktivität und Verringerung der Fertigungskosten ist eine ständige Aufgabe der Produktionstechnik. Die Situation in der Produktionstechnik ist durch abnehmende Fertigungslosgrößen und zunehmende Personalkosten sowie durch eine unzureichende Nutzung der Produktionsanlagen geprägt. Neben den Forderungen nach einer Verbesserung der Mengenleistung und der Arbeitsgenauigkeit gewinnt die Steigerung der Flexibilität von Fertigungsmaschinen und Fertigungsabläufen immer mehr an Bedeutung. In zunehmendem Maße werden Programme, Einrichtungen und Anlagen für rechnergestützte und flexibel automatisierte Produktionsabläufe entwickelt.

Ziel der Forschungsarbeiten am Institut für Werkzeugmaschinen und Betriebswissenschaften der Technischen Universität München (iwb) ist die weitere Verbesserung der Fertigungsmittel und Fertigungsverfahren im Hinblick auf eine Optimierung der Arbeitsgenauigkeit und Mengenleistung der Fertigungssysteme. Dabei stehen Fragen der anforderungsgerechten Maschinenauslegung sowie der optimalen Prozeßführung im Vordergrund. Ein weiterer Schwerpunkt ist die Entwicklung fortgeschrittener Produktionsstrukturen und die Erarbeitung von Konzepten für die Automatisierung des Auftragsdurchlaufs. Das Ziel ist eine Integration der technischen Auftragsabwicklung von der Konstruktion bis zur Montage.

Die im Rahmen dieser Buchreihe erscheinenden Bände stammen thematisch aus den Forschungsbereichen des iwb: Fertigungsverfahren, Werkzeugmaschinen, Fertigungsautomatisierung und Montageautomatisierung. In ihnen werden neue Ergebnisse und Erkenntnisse aus der praxisnahen Forschung des iwb veröffentlicht. Diese Buchreihe soll dazu beitragen, den Wissenstransfer zwischen dem Hochschulbereich und dem Anwender in der Praxis zu verbessern.

Joachim Milberg

Vorwort

Die vorliegende Dissertation entstand neben meiner Tätigkeit als Mitarbeiter am Institut für Montageautomatisierung GmbH (ifm).

Besonders danken möchte ich Herrn Prof. Dr.-Ing. J. Milberg, dem Leiter des Lehrstuhls für Werkzeugmaschinen und Betriebswissenschaften (iwb) an der Technischen Universität München sowie des oben genannten Instituts, der mir die Bearbeitung der Thematik ermöglichte und durch kritische Anregungen und wertvolle Hinweise entscheidend zur erfolgreichen Durchführung der Arbeit beigetragen hat.

Herrn Prof. Dr.-Ing. K. Feldmann, dem Leiter des Lehrstuhls für Fertigungsautomatisierung und Produktionssystematik der Universität Erlangen-Nürnberg, danke ich für die Übernahme des Koreferats und die aufmerksame Durchsicht der Arbeit.

Schließlich möchte ich mich bei allen Mitarbeiterinnen und Mitarbeitern des ifm und des iwb sowie allen Studenten, die mich bei der Erstellung der Arbeit unterstützt haben, recht herzlich bedanken.

München, im Dezember 1991 *Lothar Gebauer*

Inhalt

0. Formelzeichen und Abkürzungen

Große Buchstaben:

$A_{kx,kz}$	Kontaktkräfte am Berührpunkt A
$D_{kx,kz}$	Kontaktkräfte am Berührpunkt D
$E(x,y)$	Elliptisches Integral 2. Ordnung
F_z	Kraft des Handhabungsgerätes auf den Greifer
F_f	gemessene Fügekraft
F_{fmax}	maximal zulässige Fügekraft
F_K	Kontaktkraft
F_n	Normalkraft
F_{no}	Normalkraft zwischen Aufnahme und Auflage
F_r	Reibkraft
F_{ra}	Reibkraft zwischen Zentrierplatz und Linse
F_u	Haltekraft des Vakuumgreifers
F_x	Reaktionskraft zwischen Handhabungsgerät und Greifer
F_ρ	Reibkraft zwischen Aufnahme und Auflage
G	Gewichtskraft der Linse
G_{fa}	Gewichtskraft von Fassung und Aufnahme
G_g	Gewichtskraft des Greifers
$G_{lx,lz}$	Reaktionskräfte zwischen Greifer und Linse
H	Fassungshöhe
$H(\gamma)$	Hebelarm des Linienelementes dL
M	Reaktionsmoment zwischen Handhabungsgerät und Greifer
M_{gl}	Reaktionsmoment zwischen Greifer und Linse

M_O	Reaktionsmoment zwischen Aufnahme und Auflage
M_R	Reibmoment zwischen Greifer und Linse
NG	Nutzungsgrad
R	Krümmungsradius der Linsenoberfläche
R_K	Radius der Kugelrollen
T_{Ab}	Nutzungszeitverluste aus Montagezyklen, die als nicht montierbar erkannt und daher abgebrochen werden
T_F	funktionell bedingte Stillstandszeit
T_I	Stillstandszeit auf Grund technischer Störungen
T_N	Nutzungszeit
T_{NPr}	Prozeßnutzungszeit
T_{Nm}	mögliche Betriebsdauer während des Zeitintervalls T_N
T_{Nr}	Nutzungszeitverluste auf Grund erhöhter Zykluszeiten, die aus erfolgreich abgeschlossenen Notfallroutinen resultieren
T_O	Stillstandszeit infolge organisatorischer Störungen
T_P	Stillstandszeit infolge von Prozeßstörungen
T_{Stat}	Stations-Betriebszeit
T_{VI}	Stillstandszeit infolge vorbeugender Instandhaltung
TBF	Time between failures
TBS	Time between serve
TTR	Time to repair
V	Verfügbarkeit
V_I	innere technische Verfügbarkeit
V_{I+VI}	eingeprägte technische Verfügbarkeit
V_{I+VI+P}	äußere technische Verfügbarkeit
V_{Pr}	Prozeßverfügbarkeit
V_{Stat}	stationsorientierte Verfügbarkeit

V_{STAT}	stationäre Verfügbarkeit

Kleine Buchstaben:

c	Hebelarm des Linsenmodells
d	Linsendurchmesser
f	Hebelarm der Rollreibung
g	Greiferradius
h	Höhe des Linsengrundzylinders
dL	Linienelement des Berührkreises zwischen Greifer und Linse
$n(\gamma)$	Streckenlast
u	Greiferunterdruck
z	momentane Fügetiefe

Griechische Buchstaben:

α	Winkelfehler
α_f	Restwinkelfehler
α_g	Greifwinkel
α_t	Fasenwinkel der Fassung
β	Winkelfehler zwischen Fügeachse und Zentrierplatznormalen
δ	Positionierfehler
μ_a	Reibwert zwischen Linse und Zentrierplatz
μ_l	Reibwert zwischen Linse und Fassung
μ_{gl}	Reibwert zwischen Greifer und Linse
ρ_{gl}	Reibungswinkel zwischen Greifer und Linse

Abkürzungen:

A/D	Analog/Digital
COSIRO	Computer Aided Simulation of Industrial Robots
DMS	Dehnungsmeßstreifen
FEM	Finite Elemente Methode
HPC-Basic	eingetragenes Warenzeichen der Hauser Electronic GmbH
IRCC	Instrumented Remote Center Compliance
MAGS	modulares aktives Greifer-/Sensorsystem
microvax	eingetragenes Warenzeichen der Digital Equipment Corporation
MTGS	modulares taktiles Greifer-/Sensorsystem
OZ	Ordnungszustand
PCD	Passive compliance device
RCC	Remote center compliance
SIGLA	Sensorintegriertes Greifsystem mit lokaler Autonomie

1. Einleitung

1.1 Einführung

Die Wettbewerbssituation in einer Marktwirtschaft stellt an die konkurrierenden Industrieunternehmen die Anforderung, beständig nach Möglichkeiten zur Steigerung der Produktivität, zur Senkung der Fertigungsstückkosten und zur Verbesserung der Produktqualität zu suchen.

Eine Maßnahme, um diese Zielsetzungen zu erreichen, stellt die Steigerung des Automatisierungsgrades in den einzelnen Bereichen der Auftragsabwicklung dar. Dieser Ansatz wurde in den letzten Jahrzehnten im Fertigungsbereich konsequent verfolgt, so daß hier die Produktivität und Qualität durch Mechanisierung und Automatisierung kontinuierlich gesteigert und die Fertigungsstückkosten gesenkt werden konnten. In den Bereichen Konstruktion, Arbeitsplanung und Arbeitssteuerung sowie in der Montage konnte sich dagegen diese Entwicklung nicht durchsetzen. Infolgedessen haben sich die Kostenanteile und damit auch die Rationalisierungsreserven in die Montage und die der Fertigung vorgelagerten Bereiche verschoben /1.1/. Im Bereich Montage ist ein Grund für diese Verlagerung darin zu sehen, daß Kenntnisse über die Montageprozesse erst unvollständig zur Verfügung stehen /1.2/. Ein Beispiel für diese Ausgangssituation ist in der optischen Industrie gegeben:

Die Einführung von NC-Werkzeugmaschinen in der Mechanikfertigung und die Glasbearbeitung mit geometrisch definierten Werkzeugen in der Optikfertigung führten im Fertigungsbereich sowohl zu einer Steigerung der Qualität als auch der Produktivität. Die Montage optischer Systeme erfolgt dagegen noch weitgehend manuell und beansprucht einen erheblichen Anteil an der Gesamtfertigungszeit der Produkte. Als maßgebliches Automatisierungshemmnis muß das fehlende Wissen über das Verhalten der hochempfindlichen optischen Bauelemente beim Fügen mit Passungsspielen im Mikrometerbereich genannt werden.

Um die Voraussetzungen für eine Steigerung des Automatisierungsgrades bei der Montage optischer Systeme zu schaffen und das vorhandene Rationalisierungspotential ausnutzen zu können ist es erforderlich, den Fügeprozeß zu analysieren und technisch beherrschbar zu machen.

1.2 Zielsetzung und Arbeitsschwerpunkte

Ziel dieser Arbeit ist es, ein Prozeßmodell für die Montage optischer Linsen zu erstellen, es analytisch zu beschreiben und experimentell zu verifizieren. Aufbauend auf diese Modellbetrachtungen wird ein Automatisierungs- und Überwachungskonzept für die genannte Montageaufgabe erarbeitet.

Dazu werden im einzelnen die folgenden Arbeitsschwerpunkte gesetzt:

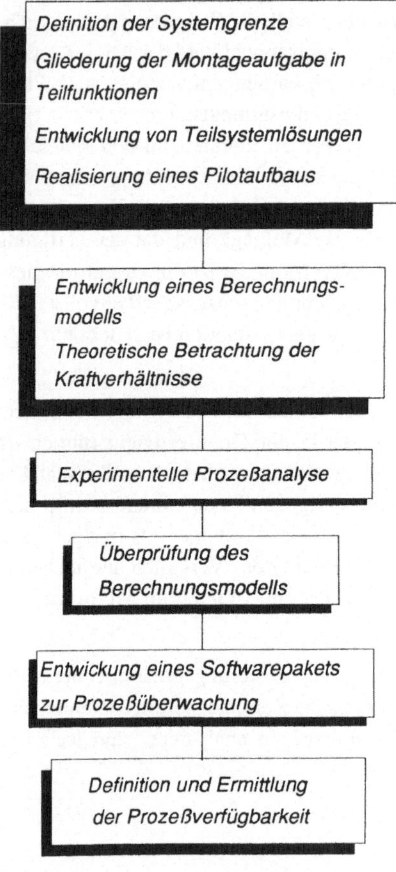

Abb. 1.1: Arbeitsschwerpunkte

- In einem ersten Schritt müssen die Montageaufgabe und die Anforderungen an das zu entwickelnde System definiert werden. Auf dieser Grundlage wird die Aufgabenstellung in Teilfunktionen untergliedert. Mit Hilfe einer Planungsmethodik wird für jede dieser Teilfunktionen eine Teilsystemlösung entwickelt. Basierend auf diesen Planungsergebnissen wird ein Pilotaufbau für die automatisierte Montage von optischen Linsen realisiert.
- Optische Linsen sind gegenüber mechanischen Belastungen hochempfindlich. Daher müssen die in den einzelnen Phasen des Montageprozesses auftretenden Kräfte überwacht werden. Im Rahmen einer theoretischen Betrachtung wird zunächst ein Berechnungsmodell entwickelt und analytisch beschrieben. Anschließend werden die Kraftverhältnisse in den kritischen Situationen berechnet und ein Regelwerk erstellt, das die Ableitung von Grenzwerten für die Prozeßüberwachung eines breiten Variantenspektrums ermöglicht.
- In einem Pilotaufbau werden die Kraftverhältnisse in den einzelnen Phasen des Montageprozesses meßtechnisch er-

faßt. Dabei werden die wesentlichen Prozeßparameter ermittelt, variiert und optimiert. Zusätzlich werden die Möglichkeiten fügeunterstützender Maßnahmen, wie z.B. das Überlagern hochfrequenter Schwingungen während des Fügevorgangs, untersucht.

- Um das entwickelte Berechnungsmodell zu überprüfen, werden die theoretisch ermittelten Kraftverhältnisse mit den experimentell gemessenen verglichen. Dazu sind in weiteren Versuchen die prozeßbestimmenden Reibwerte und die zulässigen Belastungen der Linse in den einzelnen Phasen des Montageprozesses zu bestimmen, da diese Materialkennzahlen in das Berechnungsmodell einfließen.

- Die Ergebnisse der theoretischen und experimentellen Prozeßanalyse fließen in ein Softwarepaket zur Prozeßüberwachung ein. Das Programmpaket ermittelt dazu die in den einzelnen Fügephasen zulässigen Grenzwerte, indem sie unter Zugriff auf das angesprochene Regelwerk berechnet, oder aber bei bereits bekannten Montagekonfigurationen aus einer Datenbasis ausgelesen werden. Diese Grenzwerte werden beim Montageprozeß kontinuierlich mit den meßtechnisch erfaßten und damit real vorliegenden Kraftverhältnissen verglichen. Werden sie überschritten, leitet das Programm Notfallroutinen zur Vermeidung von Prozeßstörungen ein.

- Die Beurteilung der Wirtschaftlichkeit flexibel automatisierter Montageanlagen, erfordert bereits in der Planungsphase Informationen über das zeitliche Betriebsverhalten der Systeme. Dazu wird mit der Prozeßverfügbarkeit ein geeigneter Kennwert definiert und exemplarisch für ein breites Spektrum der untersuchten Montageaufgaben am Pilotaufbau ermittelt.

2. Stand der Technik

2.1 Vorbemerkungen

Die Produktion hochwertiger optischer Systeme erfordert eine exakte Ausrichtung der optischen und mechanischen Bauelemente nach der optischen Achse des Gesamtsystems. Um diese Anforderung zu erfüllen, finden zur Zeit im industriellen Bereich vier Produktionsverfahren Verwendung.

Diese werden im folgenden beschrieben, ihre Randbedingungen für die Montage erörtert und vorhandene Lösungskonzepte für die resultierenden Montageaufgaben vorgestellt.

2.2 Produktionsverfahren und resultierende Montageanforderungen

Das wesentliche Unterscheidungsmerkmal der eingesetzten Produktionsverfahren stellen die Toleranzanforderungen an die Fertigung der optischen und mechanischen Bauelemente dar. In Abbildung 2.1 ist eine Übersicht dieser Anforderungen in Abhängigkeit des eingesetzten Produktionsverfahrens dargestellt.

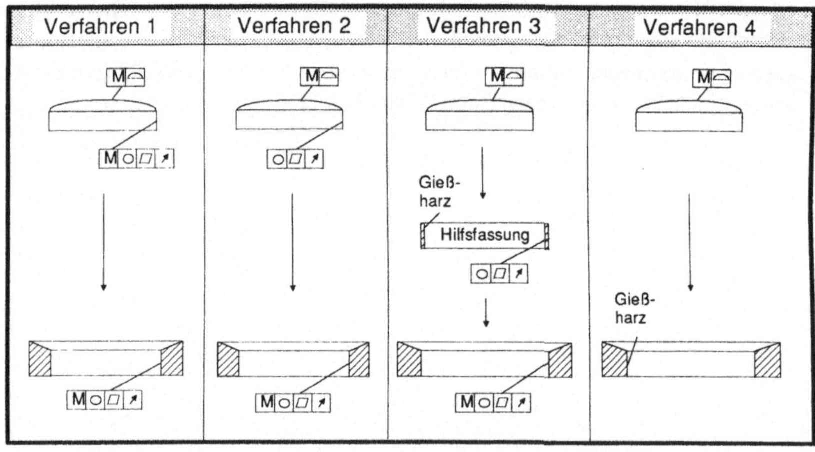

Abb. 2.1: Produktionsverfahren und Toleranzanforderungen

Bei dem am häufigsten eingesetzten Verfahren 1 erfolgt die Fertigung von Linse und Fassung voneinander unabhängig. Um in der Endmontage die lateralen Lageabweichungen nach DIN 58170 /2.1/ auf ein zulässiges Maß zu beschränken, werden an die Fertigungsgenauigkeit der Bauelemente hohe Anforderungen gestellt. Eine Lackierung der Linsenmantelfläche und Eloxierung der Fassung dient zur Vermeidung von unerwünschten Reflexionen im Objektiv /2.2/. Somit entstehen für die Montage zum einen ungünstige Passungsspiele und zum anderen muß eine Prozeßüberwachung sicherstellen, daß die Lackschicht durch den Montagevorgang nicht beschädigt wird.

Verfahren 2 sieht vor, die Linse mit hohen Anforderungen an die Form- und Lagetoleranzen, jedoch geringer Maßhaltigkeit zu fertigen. Die bearbeitete Linse wird als Meßdorn für die Fassungsfertigung eingesetzt, wodurch fertigungstechnisch ein kleines Passungsspiel erreicht werden kann. Dabei müssen jedoch die thermisch bedingten Maßänderungen der Linsen- und Fassungsmaterialien beherrscht werden, weil es ansonsten nach Abkühlung der Fassung zu Verspannungen der Linse kommen kann /2.2/. Als Randbedingung für die Montage ist damit auch bei diesem Verfahren das geringe Passungspiel zu nennen.

Um die thermischen Effekte und damit verbundenen Nachteile zu kompensieren, wird im Verfahren 3 die Linse nicht direkt in die Fassung, sondern in eine Hilfsfassung gefügt und mit einer Gießharzmasse befestigt. Die Berandung der Hilfsfassung wird anschließend mit hohen Anforderungen an die Form- und Lagetoleranzen, aber ohne große Maßhaltigkeit bearbeitet. Im letzten Schritt wird die Hilfsfassung als Meßdorn für die Fassungsfertigung eingesetzt. Die thermischen Verformungen werden dabei durch die Elastizität der Gießharzmasse kompensiert. Durch dieses Produktionsverfahren können, verglichen mit Verfahren 1 und 2, die kleinsten Passungsspiele realisiert werden /2.2/. Für die Montage impliziert die hohe Fertigungsgenauigkeit hohe Anforderungen an die Prozeßrealisierung und -überwachung.

Verfahren 4 zeigt einen vom Konzept her völlig anderen Lösungsweg auf (siehe Abb. 2.2). Die Lage der in die Fassung eingelegten Linse wird mittels eines Zentrierprüfgerätes, das die Achsstrahlablenkung mißt und mit einer Video-Monitor-Einheit ausgewertet wird, bestimmt. Anschließend wird der Lagefehler mit einem Mikropositioniergerät durch Korrekturbewegungen der Fassung, die durch Stellglieder ausgeführt werden, korrigiert. Ist die angestrebte Lage zwischen Linse und Fassung erreicht, erfolgt die Fixierung mit Gießharzmasse /2.3/ (vgl. /2.2, 2.4/). Für die Montage ergeben sich somit günstige Randbedingungen, da an die Positioniergenauigkeit keine hohen Anforderungen zu stellen sind.

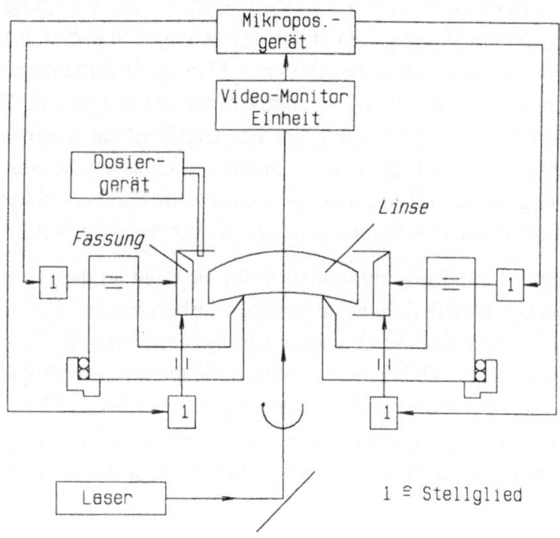

Abb. 2.2: Funktionsprinzip des vierten Verfahrens

Alle vier Verfahren stellen an den Montageprozeß die Anforderung, die Linse bzw. Hilfsfassung in die Fassung zu fügen oder einzulegen, wobei unterschiedliche Passungsspiele vorgegeben sind und gegebenenfalls eine Lackierung zu berücksichtigen ist.

2.3 Vorhandene Montagekonzepte

Die Montage optischer Systeme erfolgt zur Zeit weitgehend manuell.

Ein Lösungsansatz für den Einsatz von Handhabungsgeräten wird in /2.5/ vorgestellt. Den Schwerpunkt dieser Untersuchung stellt die Teilfunktion 'Greifen von Linsen mit Vakuumgreifern' dar. Das darin vorgestellte Konzept zur Realisierung des Fügevorgangs, das in Abschnitt 3.5.2 beschrieben wird, läßt einen erfolgreichen Einsatz lediglich für große Passungsspiele vermuten. Ergebnisse einer experimentellen Erprobung stellt diese Arbeit nur für das Greifkonzept zur Verfügung.

Umfassende theoretische und experimentell abgesicherte Untersuchungen für alle Teilfunktionen einer automatisierten Montage von optischen Linsen wurden bisher nicht vorgestellt.

3. Entwicklung eines Systems für die automatisierte Montage von optischen Linsen

3.1 Begriffe

Bevor die Entwicklung eines Systems für die automatisierte Montage von optischen Linsen durchgeführt werden kann, müssen zunächst die Begriffe System, Prozeß und Prozeßmodell definiert werden, die in diesem Kapitel Verwendung finden.

In Abhängigkeit der Aufgabenstellung und Zielsetzung existieren unterschiedliche Systembegriffe. Für das Entwickeln und Konstruieren eignet sich die Definition der VDI-Richtlinie 2221 /3.1/: Ein *technisches System* ist eine Gesamtheit von der Umgebung abgrenzbarer, geordneter und verknüpfter Elemente, die mit dieser durch technische Eingangs- und Ausgangsgrößen in Verbindung stehen.

Die Gesamtheit der Vorgänge in einem System, durch die Materie, Energie oder Information umgeformt, transportiert oder gespeichert wird, wird als *Prozeß* bezeichnet /3.2/. Wenn die physikalischen Größen durch technische Mittel erfaßt und beeinflußt werden können, spricht man von einem *technischen Prozeß*. Der Montagevorgang ist damit ein technischer Prozeß, der sich im Montagesystem vollzieht /3.3/.

Um die Abläufe in technischen Systemen in abstrahierter Form zu beschreiben, werden *Prozeßmodelle* verwendet. Diese haben die Aufgabe, den Realprozeß zu beschreiben, ein bestimmtes Verhalten abzubilden oder Sachverhalte zu erklären. Der Vorteil der abstrahierten Darstellung besteht darin, daß ein Problem im Modell gelöst werden kann und die gefundene Lösung auf die existierende oder noch zu schaffende Wirklichkeit übertragbar ist /3.3/.

3.2 Aufgabenschwerpunkte

Die Systementwicklung für die automatisierte Montage optischer Linsen erfolgt unter Zuhilfenahme einer Planungsmethodik, die in Abbildung 3.1 dargestellt ist.

In einem ersten Schritt wird ein Prozeßmodell für die betrachtete Montageaufgabe erstellt. Dazu muß zum einen die Montageaufgabe abgegrenzt und zum anderen der Betrachtungsbereich durch die Definition einer Systemgrenze festgelegt werden.

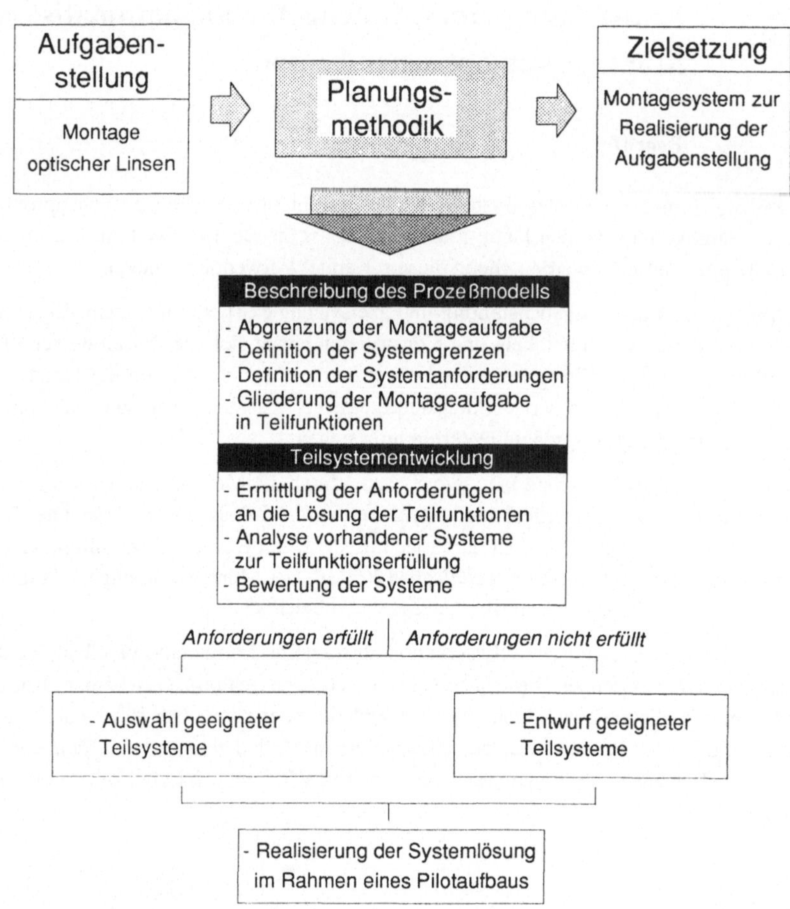

Abb. 3.1: Vorgehensweise zur Systementwicklung

Nach der Definition der Systemanforderungen wird die Montageaufgabe in Teilfunktionen untergliedert, die unabhängig voneinander realisierbar sind und dadurch die Systementwicklung vereinfachen.

Im Rahmen der Teilsystementwicklung werden die an die Lösung jeder Teilfunktion gestellten Anforderungen ermittelt, die neben den Systemanforderungen erfüllt werden müssen, und vorhandene Lösungsansätze analysiert und bewertet.

Der Vergleich der Bewertungsergebnisse führt zu einer Rangfolge der Lösungsalternativen. Erfüllt die beste Lösungsalternative die gestellten Anforderungen hinreichend, kann sie für eine Realisierung der Teilfunktion eingesetzt werden. Ist dies nicht der Fall, muß ein geeignetes Teilsystem entworfen werden. Basierend auf den Ergebnissen dieser Planungsmethodik wird ein Pilotaufbau zur automatisierten Montage von optischen Linsen realisiert.

3.3 Entwicklung des Prozeßmodells

3.3.1 Abgrenzung der Montageaufgabe

Im Rahmen dieser Arbeit wird die Montage sphärischer Linsen, deren Mantelflächen zur Vermeidung von Reflexionen im Objektiv lackiert sind, für zentrierte optische Systeme behandelt.

Unter sphärischen Linsen versteht man Linsenbauformen, deren Begrenzungsflächen Teile von Kugelflächen darstellen. Zentrierte optische Systeme sind Systeme, die eine Rotationssymmetrie zur optischen Achse aufweisen. Diese Abgrenzung reduziert das zu betrachtende Spektrum der geometrisch möglichen Linsenbauformen auf Konvex- und Konkavlinsen, die den Großteil der in der optischen Industrie gefertigten und zu montierenden Bauformen ausmachen. In Abbildung 3.2 ist eine Übersicht dieser Linsenarten dargestellt.

Die Linsen und Fassungen sind zur Vereinfachung der Montageaufgabe mit Fügefasen versehen.

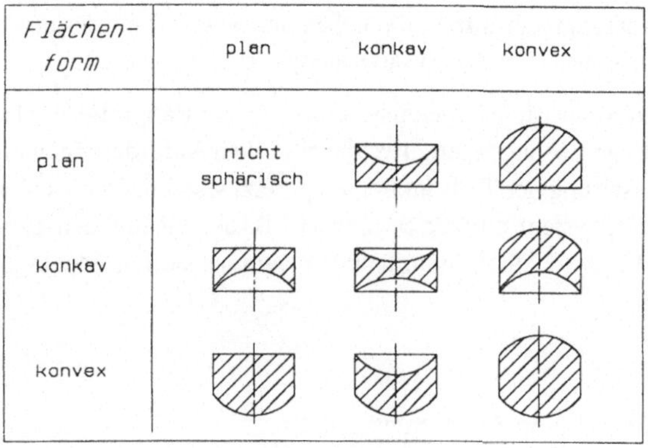

Flächen-form	plan	konkav	konvex
plan	nicht sphärisch		
konkav			
konvex			

Abb. 3.2: Darstellung der zu behandelnden Linsenbauformen

3.3.2 Definition der Systemgrenze

Die Grenze eines Systems für die Montage von optischen Linsen wird nach /3.4/ durch den Übergang der Materialflußteilfunktion Fördern in die Teilfunktion Handhaben definiert. Die Eingangsgrößen des Systems sind die Fügeteile, das Basisteil, die Hilfs- und Betriebsstoffe, die bereitgestellte Energie und die benötigten Informationen, die produkt- und montagetechnischer Art sein können. Die Ausgangsgröße des Systems bildet die in das Basisteil 'Fassung' montierte Linse (siehe Abb. 3.3).

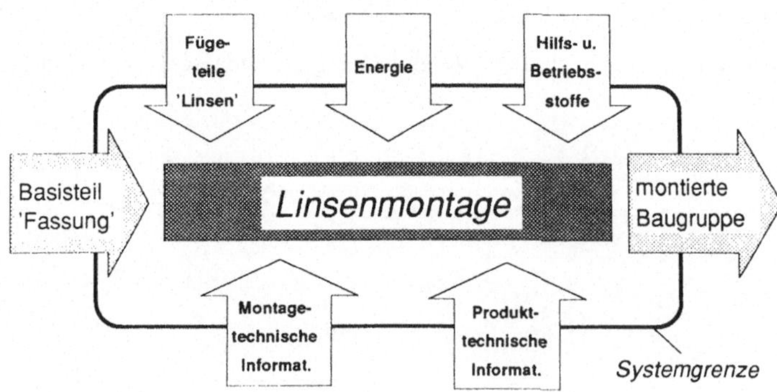

Abb. 3.3: Definition der Systemgrenze

3.3.3 Definition der Systemanforderungen

Die Anforderungen, die an ein System zur automatisierten Montage optischer Linsen gestellt werden müssen, sind im folgenden lösungsneutral aufgelistet. Sie gelten gleichermaßen für sämtliche Teilsysteme:

- Erfüllung der Teilfunktionen des Montagevorgangs unter Berücksichtigung der in Kapitel 2 beschriebenen Anforderungen.
- Überwachung der Teilfunktionen.
- Hohe Flexibilität, d.h. daß unterschiedliche Produktvarianten einer bestimmten Produktfamilie in beliebiger Reihenfolge montiert werden können /3.5/.
- Sicherstellung der geforderten Produktqualität.
- Hohe Verfügbarkeit und Wirtschaftlichkeit.

3.3.4 Gliederung der Montageaufgabe in Teilfunktionen

Nach VDI-Richtlinie 2860 /3.6/ beinhaltet der Begriff Montieren die Funktionen Handhaben, Fügen umd Kontrollieren. Der Begriff Handhaben läßt sich nach /3.4/ weiter in die Teilfunktionen Speichern, Sichern, Bewegen, Mengen verändern und Kontrollieren unterteilen.

Unter Speichern versteht man nach /3.4/ das Aufbewahren geometrisch bestimmter Körper unter definierten Orientierungsbedingungen. Die Teilfunktion Sichern dient nach /3.4/ dem Erhalten der räumlichen Anordnung von Körpern und wird für die vorliegende Montageaufgabe durch die Funktion Greifen genauer spezifiziert. Die Teilfunktion Bewegen bewirkt das Verändern der räumlichen Anordnung eines Körpers /3.4/. Bevor der Fügevorgang durchgeführt werden kann, ist es erforderlich, durch Feinbewegungen (Positionieren) die auftretenden Lageabweichungen zwischen den Montageobjekten auszugleichen (vgl. /3.7, 3.8, 3.9/). Die Fügebewegung wird nach DIN 8593 /3.10/ in Abhängigkeit von der Fügeaufgabe weiter untergliedert. Für das Fügen von Linsen in Fassungen ist sie z.B. als Einschieben definiert. Die Funktion Kontrollieren wird in der vorliegenden Arbeit durch die Entwicklung eines Prozeßüberwachungskonzeptes behandelt, das Mengen verändern bzw. die Sonderfunktion Vereinzeln im Rahmen der Auswahl eines Funktionsträgers zum Speichern berücksichtigt.

In Abbildung 3.4 sind die zu lösenden Teilfunktionen der vorliegenden Montageaufgabe dargestellt.

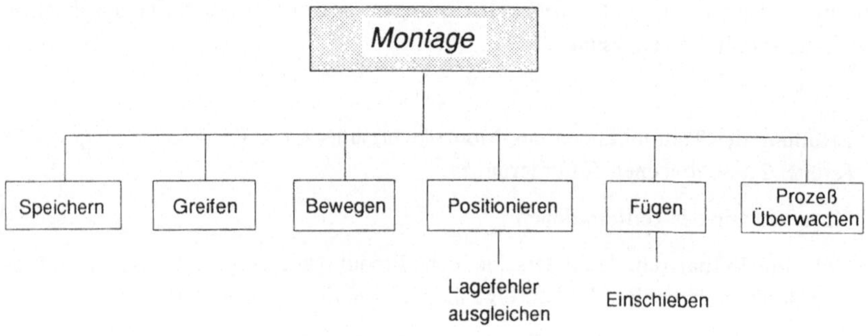

Abb. 3.4: Teilfunktionen bei der Montage optischer Linsen

3.3.5 Beschreibung des Prozeßmodells

Nachdem die Betrachtungsgrenze mit Hilfe des Systembegriffs definiert und die Montageaufgabe festgelegt und strukturiert worden ist, kann zur Beschreibung der Abläufe im Gesamtsystem das in Abbildung 3.5 dargestellte Prozeßmodell hergeleitet werden.

Entsprechend dem Schwerpunkt der vorliegenden Arbeit, den die analytische und experimentelle Untersuchung der Teilfunktionen Greifen, Positionieren und Fügen bildet, ergeben sich für das Modell drei Hauptmodule. Diese sind

- ein Greifmodul zum Aufnehmen der Bauteile mit definierter Orientierung und Position,
- ein Positioniermodul zum Ausgleich der Lagefehler zwischen Basis- und Fügeteil,
- und ein Fügemodul zum Ineinanderschieben von Linse und Fassung.

Eine analytische oder experimentelle Untersuchung der Teilfunktion Speichern wird in dieser Arbeit nicht durchgeführt. Da das Speichern jedoch die Ausgangssituation für die nachfolgenden Teilfunktionen festlegt, wird zur Definition des Eingangszustandes ein Speichermodul in das Prozeßmodell integriert.

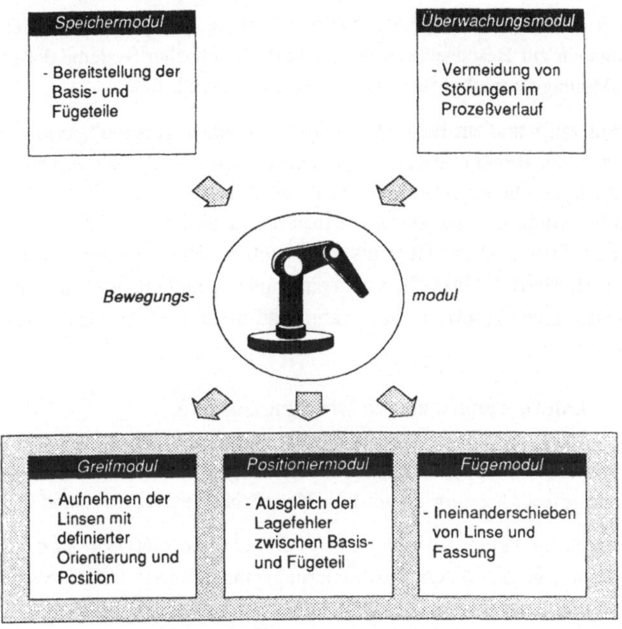

Abb. 3.5: Vollständiges Prozeßmodell der Montageaufgabe

Das Bewegungsmodul erfüllt die Verkettungsfunktion zwischen dem Speichermodul und den Hauptmodulen und ist in der Abbildung symbolisch durch einen Industrieroboter dargestellt. Das Überwachungsmodul dient der Vermeidung von Prozeßstörungen.

3.4 Entwicklung eines Teilsystems zum Speichern von Linsen

3.4.1 Anforderungen an das Teilsystem

3.4.1.1 Allgemeine Anforderungen

Die Systemanforderung nach einer Sicherstellung der geforderten Produktqualität impliziert für die Lösung der Teilfunktion Speichern, daß zur Vermeidung von Beschädigungen eine geringe mechanische Beanspruchung der Linse gewährleistet und ihre Mindestsauberkeit nach DIN 58170 /3.11/ eingehalten wird. In dieser Norm werden Maß- und Toleranzangaben zur Beschreibung der Sauberkeit optischer Systeme definiert und u.a. die auf die Montage zurückzuführenden Unsauberkeiten erfaßt.

Der Magazinieraufwand zur Bestückung des Funktionsträgers muß gering sein, da diese Teilfunktion in der Regel manuell durchgeführt wird. Die Anbindung an eine automatisierte Bestückung, die nicht Gegenstand dieser Arbeit ist, aber einen sinnvollen Ansatz darstellt, sollte durch das Teilsystem realisierbar sein. Da Störungen der Teilfunktion Speichern zum Stillstand des Gesamtsystems führen, ist eine hohe Zuverlässigkeit des Teilsystems erforderlich. Zusätzlich sind eine hohe Speicherdichte, die mit einem geringen Platzbedarf gleichgesetzt werden kann, und niedrige Kosten des Funktionsträgers wünschenswert.

3.4.1.2 Anforderungen an den Ordnungszustand

Das Speichern eines Körpers kann ungeordnet, teilgeordnet oder geordnet erfolgen. Zur Klassifizierung dieser Kategorien wird die Kenngröße Ordnungszustand OZ verwendet.

Der Ordnungszustand eines Körpers ist in VDI-Richtlinie 2860 /3.4/ als der Quotient aus dem Orientierungsgrad und dem Positionierungsgrad definiert. Dabei versteht man unter dem Orientierungsgrad die Anzahl rotatorischer Freiheitsgrade, in denen die Orientierung bestimmt ist und unter dem Positionierungsgrad die Anzahl der translatorischen Freiheitsgrade, in denen die Position bestimmt ist. Eine Speicherung mit dem Ordnungszustand OZ = 0/0 wird als ungeordnet, mit OZ = 3/3 als geordnet und mit 0/0 < OZ < 3/3 als teilgeordnet bezeichnet.

Die Vergrößerung des Ordnungszustandes erhöht die Anforderungen an den Funktionsträger für die Teilfunktion Speichern und somit seine Beschaffungskosten. Eine unter wirtschaftlichen Gesichtspunkten sinnvolle Lösung muß bei einem minimalen Ordnungszustand günstige Voraussetzungen für die Realisierung der übrigen Teilfunktionen der Montageaufgabe schaffen. Dieser Ordnungszustand wird im folgenden für das Speichern optischer Linsen ermittelt.

Für das Greifen, Positionieren und Fügen ist es sinnvoll, die v-u Ebene des körpereigenen Koordinatensystems parallel zur x-y Ebene des Bezugskoordinatensystems anzuordnen, da in diesem Fall die Linsen- und Fassungsmittelachse parallel zur bevorzugten Fügerichtung verlaufen (siehe Abb. 3.6). Da es sich bei Linsen um rotationssymmetrische Bauteile handelt, ist die relative Drehlage der Z-Achse des Bezugskoordinatensystems und der w-Achse des körpereigenen Koordinatensystems für die Teilfunktionen Greifen, Positionieren und Fügen irrelevant. Der erforderliche Orientierungsgrad für das Speichern der Linsen ist somit 2.

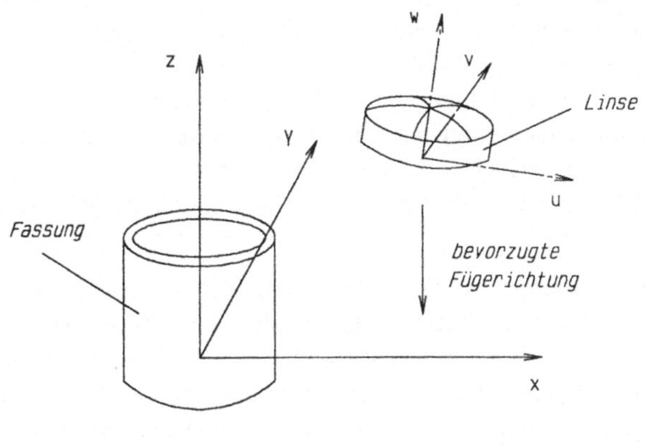

Abb. 3.6: Koordinatensysteme beim Handhaben in Anlehnung an /3.8/

Auf Grund von Positionierungenauigkeiten, auf die im Abschnitt 3.7 näher eingegangen wird, ist ein exaktes Greifen, bei dem Greifermittelachse und w-Achse der Linsen bereits beim ersten Kontakt kollinear verlaufen, nicht möglich. Daher ist es ausreichend, die Bauteile so zu positionieren, daß die Greiffunktion sicher erfüllt werden kann. Diese Voraussetzung ist gegeben, wenn sich der Ursprung des körpereigenen Koordinatensystems an einer beliebigen Stelle auf einer Kreisfläche befindet, die durch die Bereitstellungshöhe z und einen Radius beschrieben wird, der ein sicheres Greifen der Linsen gewährleistet. Diese Festlegung entspricht dem Positionierungsgrad 2.

Die Linsen müssen also in einer zur Fassungsmittelachse normalen Ebene in beliebiger Drehlage mit einer für das Greifen zulässigen Verschiebung bereitgestellt werden. Dies entspricht einem teilgeordneten Speichern mit dem Ordnungszustand 2/2.

3.4.2 Analyse, Bewertung und Auswahl vorhandener Systeme

In /3.12/ werden verschiedene Magazinspeicherbauarten vorgestellt, mit denen ein teilgeordnetes Speichern der Linsen realisiert werden kann (vgl. /3.13/). Diese werden im folgenden analysiert und in Anlehnung an VDI-Richtlinie 2225 /3.14/ bewertet. Dazu wird die Erfüllung der allgemeinen Anforderungen mit den Wertvorstellungen 0 Punkte = 'nicht erfüllt' bis 4 Punkte = 'sehr gut erfüllt' bewertet. Durch die Gewichtung der Anforderungen von 0 bis 100% wird ihr Einfluß auf die gewichtete Bewertung festgelegt. Diese ergibt sich durch die Multiplikation der Wertvorstellung mit der Gewichtung. Durch Addition der gewichteten Bewertungen aller Anforderungen erhält man eine Summe, die zum Vergleich der untersuchten Lösungsalternativen herangezogen werden kann. In Abbildung 3.7 ist eine Bewertungstabelle der einsetzbaren Magazinspeicherbauarten dargestellt.

Schachtmagazine speichern Werkstücke in senkrechter Anordnung. Zur Vereinzelung werden in der Regel Schiebersysteme eingesetzt. Für den vorliegenden Anwendungsfall weist dieses Konzept zwei entscheidende Nachteile auf. Zum einen werden die empfindlichen Linsen bei der Vereinzelung und dem Nachrücken im Schacht hohen mechanischen Beanspruchungen ausgesetzt und zum anderen ist ein erhöhter Aufwand erforderlich, um ein beschädigungsfreies Aufmagazinieren der Linsen zu gewährleisten.

Wendelmagazine sind Roll- oder Gleitförderrinnen, die Werkstücke durch Einwirkung ihrer Gewichtskraft fördern. Der wesentliche Nachteil dieses Konzepts ist in der reinen Schwerkraftförderung zu sehen, die das Kriterium der Zuverlässigkeit 'gerade noch tragbar' erfüllt (vgl. /3.14/). Außerdem werden die Mantelflächen der Linsen durch die Relativbewegung zur Förderrinne mechanisch beansprucht.

Beim Kettenmagazin sind die Werkstückaufnahmen an einer horizontal oder vertikal umlaufenden Kette montiert. Diese Systeme bieten den gespeicherten Werkstücken keinen Schutz gegen Verunreinigungen und sind in der Anschaffung kostenintensiv .

Trommelmagazine bevorraten Werkstücke in einer oder mehreren Lagen und werden zum Be- und Entladen im Takt weitergedreht. Sie erfüllen die Kriterien 'hohe Zuverlässigkeit', 'geringe mechanische Beanspruchung der Werkstücke' und 'geringer Magazinieraufwand' sehr gut. Ihr Nachteil ist darin zu sehen, daß sie im vorliegenden Anwendungsfall auf Grund des in Abschnitt 3.5.3 beschriebenen Greifkonzepts nur einlagig ausgeführt werden können und somit eine geringe Bevorratungskapazität bieten. Außerdem ist ein Schutz der Linsen gegen Verunreinigungen nicht gegeben.

Palettenmagazine speichern die Werkstücke nach einer bestimmten Ordnung in flächiger Form. Sie erfüllen alle Bewertungskriterien mit Ausnahme der Forderung nach einem geringen Platzbedarf sehr gut.

Das Konzept des Palettenmagazins erreicht in der gewichteten Bewertung die höchste Wertzahlsumme und erfüllt alle Kriterien hinreichend. Daher wird es zur Realisierung der Teilfunktion Speichern ausgewählt.

Konzept		Kettenmagazin		Trommelmagazin		Wendelmagazin		Palettenmagazin		Schachtmagazin	
Bewertungs-kriterium	Gewicht [%]	 Bew.	gew. Bew.	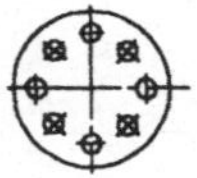 Bew.	gew. Bew.	 Bew.	gew. Bew.	 Bew.	gew. Bew.	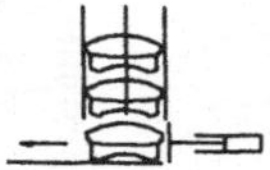 Bew.	gew. Bew.
hohe Zuverlässigkeit	25	2	0.5	4	1.0	1	0.25	4	1.0	1	0.25
geringe mechan. Beanspruchung der Werkstücke	30	4	1.2	4	1.2	2	0.6	4	1.2	1	0.3
hoher Schutz vor Verunreinigung	20	1	0.2	1	0.2	3	0.6	4	0.8	3	0.6
geringer Magazinieraufwand	10	2	0.2	4	0.4	1	0.1	4	0.4	1	0.1
geringer Platzbedarf	10	1	0.1	3	0.3	3	0.3	2	0.2	4	0.4
niedrige Kosten	5	1	0.05	3	0.15	3	0.15	4	0.2	4	0.2
Summe			2.25		3.25		2.0		3.8		1.85

Abb. 3.7: Bewertungstabelle für Magazinspeicher

3.5 Entwicklung eines Teilsystems zum Greifen von Linsen

3.5.1 Anforderungen an das Teilsystem

Teilsysteme zum Greifen müssen nach /3.4/ die Aufgabe erfüllen, einen Körper in bestimmter Orientierung und Position zu sichern. Um ein solches System zu entwickeln, müssen aufgabenspezifische Anforderungen berücksichtigt werden, die aus den Schnittstellen des Teilsystems zu seiner Umgebung resultieren. Diese sind durch das zu greifende Werkstück, den zu realisierenden Prozeß, das ausgewählte Handhabungsgerät und die Systemperipherie bestimmt. Für den Anwendungsfall Greifen von Linsen ergeben sich beispielsweise folgende Anforderungen:

Um die für hochwertige optische Systeme erforderlichen Sauberkeitsanforderungen erfüllen zu können, ist ein Greifsystem zu fordern, das eine Verunreinigung der gegriffenen Linsen ausschließt (vgl. Abschnitt 3.4.1.1).

Die Empfindlichkeit des Linsenwerkstoffes und insbesondere der optischen Oberflächen und Mantelflächenlackierungen erfordert ein Greifsystem, das die Kontaktkräfte an den Wirkflächen zwischen Greifer und Linse minimiert und überwacht.

Eine Schnittstelle des Greifsystems zur Systemperipherie ist durch die Art der Linsenspeicherung vorgegeben. Diese erfolgt nach der in Abschnitt 3.4.2 getroffenen Auswahl in Palettenmagazinen mit begrenzter Positioniergenauigkeit, die das Greifsystem ausgleichen muß.

3.5.2 Analyse und Bewertung vorhandener Systeme

Böswetter stellt in /2.5/ ein Konzept für das Greifen und Fügen von Linsen vor. Eine schematische Darstellung von Aufbau und Funktion des dabei eingesetzten Vakuumgreifers ist in Abbildung 3.8 dargestellt. Phase 1 zeigt das Greifen einer Linse aus einer Palette, Phase 2 das anschließende Fügen in die bereitgestellte Fassung.

Phase 1:

Bei einer Verringerung des Abstandes zwischen Greifer und Linse entsteht durch die an das Saugrohr (2) angeschlossene Vakuumpumpe ein Unterdruck, der die Linse an die Ringschneide (4) saugt. Die Abdichtung zwischen Linse und Saugrohr erhöht dabei den Unterdruck weiter, so daß die Rückstellwirkung der Feder (3) überwunden wird. Das

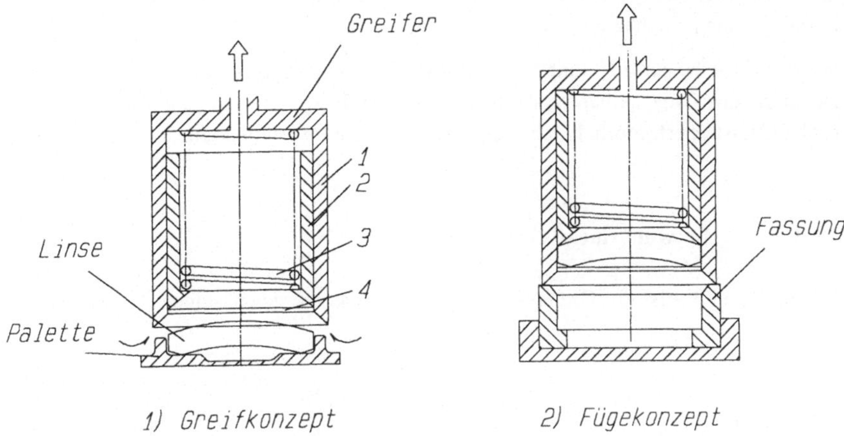

Abb. 3.8: Greifen auf der Mantelfläche /2.5/

Saugrohr wird gegen einen Anschlag zurückgezogen und die Linse definiert durch das Zentrierrohr (1) aufgenommen.

Phase 2:

Das Fügen der Linse wird durch Belüften des Saugrohres eingeleitet. Nach Abbau des Unterdruckkraftfeldes gleitet das Bauelement aus dem Zentrierrohr in den Linsensitz der Fassung.

Dieses Konzept weist folgende Vorteile auf:

- Die optisch wirksame Fläche der Linse bleibt unberührt. Damit wird die Gefahr ihrer Beschädigung vermieden.
- Der vor dem Greifen vorliegende Winkelfehler zwischen Linsen- und Greifermittelachse wird reduziert und eine Palettenentnahme der Linse bis zu einem Achsversatz von 2 mm möglich /2.5/.

Die Grenzen des Systems zeigt das durch das Greifkonzept bedingte Fügekonzept auf. Dieses sieht ein ungeführtes Gleiten der Linse durch ihr Eigengewicht in den Sitz der Fassung vor. Nach den im Rahmen dieser Arbeit durchgeführten experimentellen Untersuchungen des Fügeprozesses ist dieses Verfahren nur bei großem Passungsspiel erfolgreich einsetzbar. Außerdem ist eine Prozeßüberwachung der Teilfunktion Fügen lediglich eingeschränkt möglich. Die Lage der Linse in der Fassung kann zwar durch den Einsatz einer geeigneten Sensorik überprüft werden, eine Aussage zur Belastung der Linsenmantelfläche kann jedoch nicht getroffen werden.

Weitere Systeme zur Erfüllung der Teilfunktion Greifen liegen nicht vor. Auf Grund der Nachteile des vorgestellten Systems, die eine Erfüllung der Grundanforderungen ausschließen, ist es erforderlich, ein geeignetes Teilsystem zu entwerfen.

3.5.3 Entwurf eines Teilsystems

In Abbildung 3.9 ist ein Greifsystem dargestellt, das die gewünschten Anforderungen erfüllt.

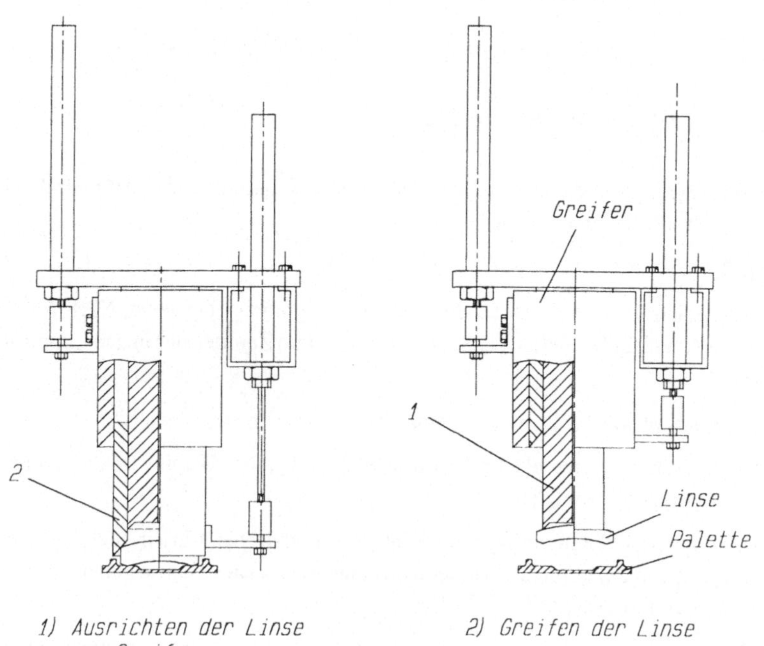

Abb. 3.9: Greifen auf der optisch wirksamen Fläche

Als Wirkprinzip zur Aufbringung der Haltekraft wird ein Unterdruck zwischen Greifertubus (1) und Linse erzeugt. Um den translatorischen Fehler zwischen Linsen- und Greifermittelachse bei der Palettenentnahme zu minimieren, ist der Greifer mit einem Zentrierkegel (2) ausgestattet, der die Linse relativ zum Greifer ausrichtet, bevor sie aufgenommen wird.

Der Vorteil dieser Systemlösung ist zum einen darin zu sehen, daß bei Einsatz mehrerer Zentrierkegel mit einem Greifer unterschiedliche Linsentypen aufgenommen werden können und zum anderen ein aktives Fügen der Linsen in die Fassungen möglich wird. Die Gefahr einer Beschädigung der optisch wirksamen Fläche durch den Greifer kann als gering eingestuft werden, da eine analoge Belastungssituation, nämlich das Zentrieren von Linsen zwischen Spannglocken, in der optischen Industrie Stand der Technik ist (vgl. /2.3/). Eine zusätzliche Sicherheit gegen Beschädigungen bietet die Anforderung, die Kontaktkräfte zwischen Greifer und Linse zu minimieren und zu überwachen. Diese Zielsetzung kann für das entwickelte Greifsystem ebenfalls erfüllt werden. Der Nachweis wird in den Abschnitten 3.7.5.2 und 3.7.5.6 im Zusammenhang mit der Entwicklung eines Fügesystems und Prozeßüberwachungskonzeptes erbracht. Eine Verunreinigung der Linsen durch dieses Greifkonzept kann ausgeschlossen werden.

3.6 Entwicklung eines Teilsystems zum Bewegen von Linsen

In /3.4/ wird das Bewegen eines Körpers als die Veränderung seiner räumlichen Anordnung definiert. Die Aufgabenstellung, ein System zur Erfüllung dieser Teilfunktion zu entwickeln, beschränkt sich darauf, einen Funktionsträger für diese Handhabungsaufgabe festzulegen.

Die Grundanforderung einer hohen Flexibilität des Montagesystems erfordert den Einsatz einer frei programmierbaren Handhabungseinrichtung. Daher wird ein Industrieroboter zur Erfüllung dieser Teilfunktion ausgewählt. Die erforderliche Anzahl der Bewegungsachsen kann aus einer Bewegungsanalyse abgeleitet werden. Ziel dieser Analyse ist es, die benötigten Roboterbewegungen in Abhängigkeit der auszuführenden Handhabungsaufgaben abzuleiten (vgl /3.15/).

Die Handhabungsaufgaben beim Montieren von Linsen sind durch das Greifen der Werkstücke in Magazinpaletten und ihr Fügen in das Basisteil 'Fassung' vorgegeben. Beide Aufgabenstellungen erfordern lediglich die Positionierung der Linsen im Raum, Rotationen der Werksstücke sind dagegen nicht erforderlich. Daher wird ein dreiachsiger Industrieroboter zur Erfüllung der Teilfunktion Bewegen eingesetzt.

3.7 Entwicklung eines Teilsystems zum Positionieren und Fügen von Linsen

Die Teilfunktionen Positionieren und Fügen stellen grundsätzlich betrachtet reine Positionierprobleme dar. Bei exakter Kenntnis der Fügeteilgeometrien und der Lage der Fügeteile im Raum können sie als Trivialprobleme klassifiziert werden /3.16/. In der Realität sind jedoch eine Vielzahl von Störgrößen zu berücksichtigen, die zu relativen Lageabweichungen der Bauteile zueinander führen (vgl. /3.17/). Vorrangig sind dabei zu nennen:

- die Positionierungenauigkeit des Roboters,
- die ungenaue Programmierung des Roboters,
- die Ungenauigkeit des Greifsystems,
- die Fertigungsungenauigkeit des Fügeteils und
- die Fertigungsungenauigkeit des Basisteils.

Im folgenden wird ein System entwickelt, das diese Ungenauigkeiten auf ein zulässiges Restmaß reduziert und somit das Fügen der Linsen ermöglicht.

3.7.1 Anforderungen an das Teilsystem

Die Bruchempfindlichkeit des optischen Glases erfordert eine Minimierung der beim Positionieren und Fügen auftretenden Reaktionskräfte zwischen Linse und Fassung, um eine Beschädigungsgefahr durch zu hohe Kontaktkräfte auszuschließen.

Die in Abschnitt 2.2 angesprochene Lackierung der Linsenmantelflächen wird beim Fügevorgang durch die Berührung mit der Fassung einer Schabbelastung ausgesetzt. Dabei darf die Lackschicht nicht beschädigt werden. Um diese Anforderung zu erfüllen ist es notwendig, den unvermeidlichen Winkelfehler zwischen Linse und Fassung vor dem Fügevorgang auf ein zulässiges Restmaß zu begrenzen.

Die angesprochenen Beschädigungsgefahren für Linse und Lackierung, sowie die variablen Reaktionskräfte beim Fügevorgang auf Grund variierender Fügeteilgeometrien machen es notwendig, eine Prozeßüberwachung vorzusehen, die sich flexibel an die vorliegende Montageaufgabe anpassen läßt.

In Abbildung 3.10 sind die aufgabenspezifischen Randbedingungen, die daraus resultierenden Montageprobleme und die Anforderungen an das Teilsystem dargestellt.

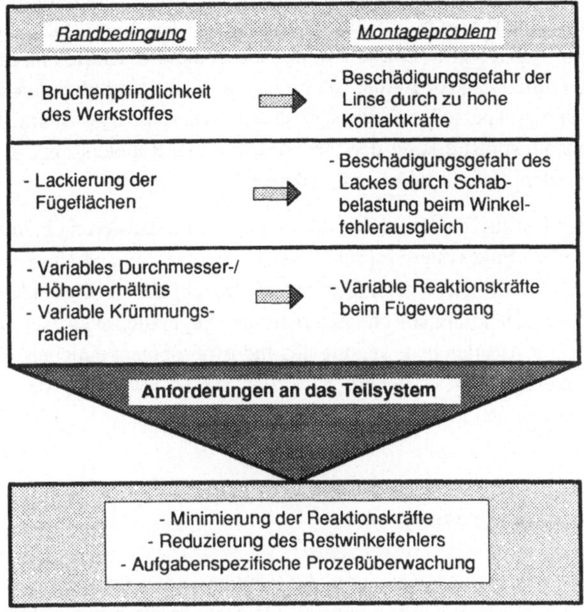

Abb. 3.10: Randbedingungen, Montageprobleme und Anforderungen

3.7.2 Analyse vorhandener Systeme

3.7.2.1 Aktive Fügemechanismen

Aktive Fügemechanismen basieren auf der Messung der an der Fügestelle auftretenden Kräfte und Momente. Die Grundlage dieser Mehrkomponentenmessung beruht darauf, daß ein auf einen beliebig geformten Körper einwirkender Kraft- und Momentenvektor in karthesische Kraft- und Momentenkomponenten zerlegt werden kann /3.18/. Diese werden in Korrektursignale für die Positioniersteuerung umgewandelt.

Das erste derartige System wurde durch die Firma Hitachi Ltd. entwickelt. Bei der HI-T Hand handelt es sich um einen Greifer, der an zwei kreuzförmig angeordneten Blattfedern befestigt ist, deren Verformung während des Fügevorgangs über vier Dehnungsmeßstreifen aufgenommen wird (vgl. /3.19, 3.20/).

In /3.21/ wird ein sensorintegriertes Greifersystem mit lokaler Autonomie (im folgenden mit SIGLA bezeichnet) vorgestellt. Die Aufnahme der Reaktionskräfte und -momente erfolgt über eine speziell entwickelte Kraftmeßdose, die drei Kräfte und drei Momente registriert. Die Greifer-Sensor Einheit stellt ein eigenständiges Subsystem zur Robotersteuerung dar und ist speziell auf eine Unimation-Steuerung abgestimmt. Mittels einer eigenen Kommandosprache kann der Steuerrechner des Roboters über eine geeignete Schnittstelle mit dem Submodul kommunizieren.

Am Frauenhofer-Institut für Produktionstechnik und Automatisierung in Stuttgart wurde ein weiteres aktives Fügesystem erprobt, das zur Steckermontage eingesetzt wird. Ein Sensorsystem auf DMS-Basis ermittelt die auf den Greifer einwirkenden Kräfte, die qualitativ zur Unterscheidung von charakteristischen Fügefällen ausgewertet werden und eine entsprechende Ausgleichsbewegung des Industrieroboters einleiten. Die Messung der Z-Komponete der Fügekraft wird zusätzlich zur Überwachung der erfolgreichen Kontaktierung verwendet /3.22/.

3.7.2.2 Passive Fügemechanismen

Im Gegensatz zu den aktiven Verfahren, die Positionierungenauigkeiten durch Korrekturbewegungen des Handhabungsgerätes ausgleichen, arbeiten passive Fügemechanismen mit nachgiebigen Bauelementen, die sich beim Kontakt der Fügeteilfasen verformen und eine dem Positionierfehler entgegengesetzte Ausgleichsbewegung durchführen.

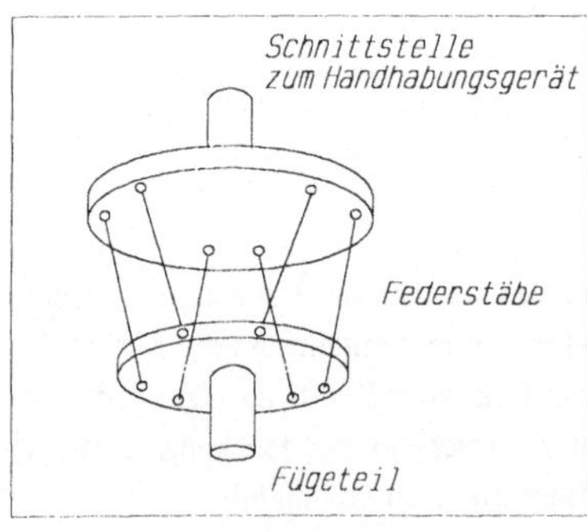

Abb. 3.11: Modell des PCD-Systems

Als erstes derartiges System wurde das PCD (Passive-Compliance-Device) entwickelt. Es besteht aus sechs federnden Kolben, die mittels Kugelgelenken zwischen zwei zylinderförmigen Scheiben befestigt sind (siehe Abb. 3.11). Diese Anordnung weist den Nachteil auf, daß der Ausgleich translatorischer Fehler einen Winkelfehler erzeugt, da auf das Fügeteil einwirkende Kräfte die untere Scheibe zum einen parallel verschieben, aber auch Momente erzeugen, die zu einer Kippbewegung führen /3.23/.

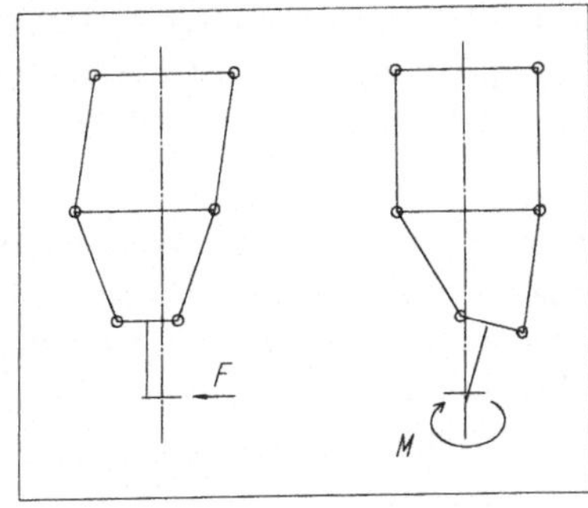

Abb. 3.12: Modell des RCC-Systems

Daher wurde am Charles Stark Draper Laboratory in Cambridge das RCC (Remote Center Compliance) entwickelt, das die Ausgleichsbewegungen kinematisch entkoppelt.Darunter ist zu verstehen, daß das Einwirken translatorischer Fehler nur zu einer translatorischen Ausgleichsbewegung führt und angreifende Momente am Fügeort lediglich eine Rotation der Anordnung um das Zentrum der Nachgiebigkeit bewirken (siehe Abb. 3.12). Basierend auf diesem Konzept wurden in der Vergangenheit eine Vielzahl von Systemen vorgestellt, die sich in der konstruktiven Ausführung der elastischen Elemente voneinander unterscheiden. (vgl. /3.24, 3.25, 3.26, 3.27/).

Ein weiterer passiver Fügemechanismus wird in /3.18/ beschrieben. Der Ausgleich translatorischer Fehler erfolgt dabei durch Korrekturbewegungen des Greifers in der x-y Ebene. Diese werden durch Staudrucksensoren eingeleitet, die am Umfang der Greiferspitze angeordnet sind. Bei einer exzentrischen Stellung des Greifers zur Bohrung wird ein luftgelagerter Schwimmkolben mit der pneumatischen Druckdifferenz der Sensoren beaufschlagt, so daß die Einheit so lange Korrekturbewegungen ausführt, bis sich ein Gleichgewichtszustand einstellt.

3.7.2.3 Kombinierte Fügemechanismen

Die kombinierten Fügemechanismen verfolgen die Zielsetzung, die Vorteile der kostengünstigen passiven Systeme für die aktiven Konzepte nutzbar zu machen.

Ein solcher Mechanismus ist das IRCC-System (Instrumented Remote Center Compliance), das eine Weiterentwicklung des RCC darstellt. Die Verformungen der passiven Baugruppen werden durch positionssensitive Dioden zur Messung der herrschenden Kräfte und Momente am Fügeort verwendet und als Korrektursignale an die Robotersteuerung weitergeleitet /3.28, 3.29/.

Eine ähnliche Lösung beschreibt /3.17/ mit dem modular aktiven Greifer-Sensorsystem (MAGS). Querkräfte und Momente werden bei diesem System ebenfalls über positionsempfindliche Fotodetektoren und Dioden als Sensorelemente berührungslos gemessen. Für die Aufnahme der Fügekraft findet ein Linear-Potentiometer Verwendung.

Als Vorgänger des MAGS kann das modular taktile Greifer-Sensorsystem (MTGS) angesehen werden. Das MTGS besteht aus einem passiven Anteil zum sechsachsigen Toleranzausgleich und einer einachsigen Fügekraftmessung bzw. Fügekraftbegrenzung /3.30/.

In /3.31/ wird ein sensorunterstütztes Montagesystem beschrieben, das folgendermaßen aufgebaut ist. Zwischen Handhabungssystem und Greifer befindet sich das passive Ausgleichsgelenk AST-100 der Firma Astek Engineering. Das Basisteil ist auf einem Schwenktisch aufgespannt, in den ein Kraft-/Momentensensor integriert ist. Die Fügestrategie dieses Systems ist in Abbildung 3.13 dargestellt.

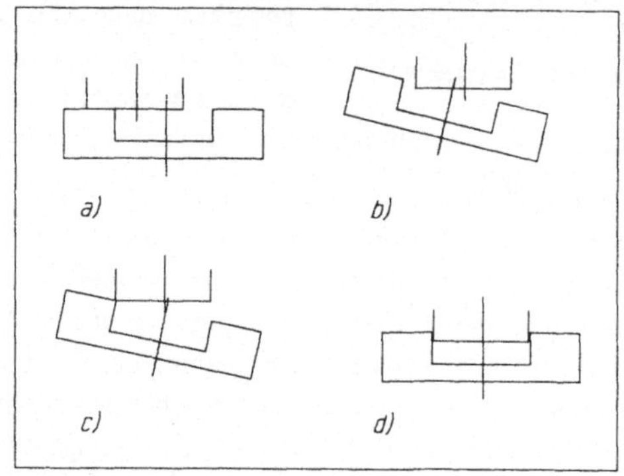

Abb. 3.13: Einzelschritte der Fügestrategie

Der Greifer bewegt sich in einem ersten Schritt soweit, bis es zum Kontakt der Fügepartner kommt und erfaßt somit seine Höhe (a). Nach dem Hochfahren des Greifers um einige Millimeter wird der Tisch geschwenkt und der Effektor wieder in die abgetastete Höhe bewegt (b). Im nächsten Schritt verfährt der Tisch in horizontaler Lage, bis es zum erneuten Kontakt der Fügepartner kommt. In einer Suchstrategie werden die Eckpunkte der Bauteile zur Berührung gebracht (c) und der Tisch eingeschwenkt. Im letzten Schritt wird der Tisch so lange verfahren, bis die Kräfte in X- und Y-Richtung einen zulässigen Grenzwert unterschreiten und durch das Handhabungsgerät die Fügebewegung in Z-Richtung ausgeführt. Dabei erfolgt der Ausgleich der Winkelfehler durch das passive Ausgleichsgelenk (d).

3.7.3 Bewertung bestehender Lösungsansätze

Im vorhergehenden Abschnitt wurden vielfältige Ausführungsformen für aktive, passive und kombinierte Fügemechanismen vorgestellt. Diese basieren alle auf dem jeweiligen Grundkonzept, sind jedoch zum Teil aufgabenspezifisch abgewandelt worden, um speziell gewünschte Vorteile zu erzielen. Die Bewertung dieser Systeme erfolgt aus diesem Grunde zweistufig. In einer ersten Ebene wird die allgemeine Bewertung des jeweiligen Grundkonzeptes vorgenommen, bevor im zweiten Schritt die systemspezifische Ausführung Berücksichtigung findet. In den Abbildungen 3.14 bis 3.16 sind die Ergebnisse dieser Analyse dargestellt.

Aktive Fügemechanismen

1. Allgemeine Bewertung:

Vorteile:
- Ausgleich größerer Fehler möglich
- Keine Fügefasen erforderlich
- permanente Prozeßüberwachung

Nachteile:
- hohe Kosten
- hohe Fügezeit
- hoher Steuerungsaufwand
- 3 Rotationsachsen am Effektor erforderlich

2. Systemspezifische Bewertung

HI-T Hand	SIGLA
- keine system-spezifischen Vor- oder Nachteile	*Vorteile:* - niedrige Fügezeit - flexibel an Fügeaufgabe anpaßbar - integrierte Greifkraftüberwachung *Nachteil:* - steuerungsspezifisches System

Abb. 3.14: Bewertung aktiver Fügemechanismen

Aktive Fügemechanismen können für Fügeoperationen mit Bauteilen eingesetzt werden, die nicht mit Fasen versehen sind. Außerdem bieten sie die Möglichkeit größere Positionierfehler meßtechnisch zu erfassen und auszugleichen. Die integrierte Mehrkomponentenmessung kann zur permanenten Prozeßüberwachung eingesetzt werden. Diesen Vorteilen stehen ein hoher Kosten- und Steuerungsaufwand für die Meßtechnik und eine erhöhte Fügezeit durch die Berechnung der Korrekturbewegungen entgegen. Für den Einsatz dieser Systeme ist ein sechsachsiges Handhabungssystem erforderlich, da die Kraft- und Momenteninformationen zum Positionierfehlerausgleich nur in den Handachsen umgesetzt werden können.

Passive Fügemechanismen

1. Allgemeine Bewertung:

Vorteile:
- niedrige Kosten
- geringe Störanfälligkeit
- niedrige Fügezeit
- 3-Achsen- Handhabungsgerät einsetzbar

Nachteile:
- keine Fügekraftüberwachung
- zulässiges Fehlermaß begrenzt
- Fügefasen erforderlich

2. Systemspezifische Bewertung

PCD	RCC	Staudruckprinzip
Vorteile:	*Vorteil:*	*Vorteil:*
- keine systemspezifischen Vorteile	- translatorischer u. rotatorischer Ausgleich kinematisch entkoppelt	- Ausgleich erfolgt vor Bauteilkontakt
Nachteil:	*Nachteil:*	*Nachteil:*
- translatorischer u. rotatorischer Ausgleich kinematisch gekoppelt	- geringe Flexibilität aufgrund aufgabenspezifischer Lage des Remote Center	- nur translatorischer Fehlerausgleich

Abb. 3.15: Bewertung passiver Fügemechanismen

Die Vorteile der passiven Fügemechanismen sind ihre niedrigen Kosten, die geringe Störanfälligkeit und die niedrige Fügezeit, da keine aktiven und zeitaufwendigen Korrekturbewegungen errechnet und ausgeführt werden müssen. Außerdem können diese Systeme in Verbindung mit einem dreiachsigen Handhabungsgerät betrieben werden, wodurch sich die Investitionen für das Montagesystem gegenüber einem eingesetzten sechsachsigen Industrieroboter reduzieren. Der zulässige Positionierfehler ist bei passiven Fügemechanismen auf Grund der geometrischen Randbedingungen begrenzt. Um einen translatorischen Fehlerausgleich bewerkstelligen zu können, muß der erste Kontakt der Fügepartner innerhalb der Fügefasenbereiche liegen. Eine Prozeßüberwachung ist im Grundkonzept nicht vorgesehen.

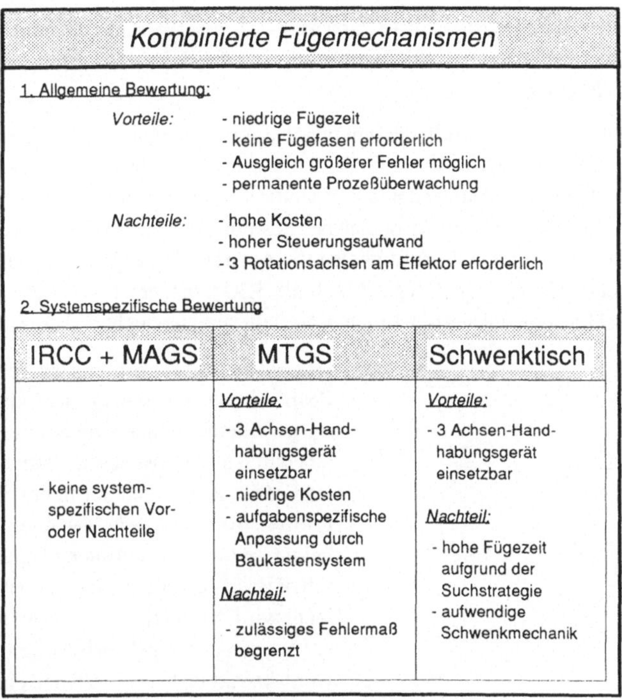

Abb. 3.16: Bewertung kombinierter Fügemechanismen

Die kombinierten Fügemechanismen unterscheiden sich in ihrer Bewertung von den aktiven Systemen darin, daß die erforderliche Fügezeit sinkt, da die Korrekturbewegungen durch die Unterstützung der passiven Komponenten reduziert werden.

3.7.4 Einsatzmöglichkeiten bestehender Lösungsansätze

Die passiven Fügemechanismen weisen in der allgemeinen Bewertung den Nachteil auf, daß keine Prozeßüberwachung realisiert ist. Diese wird jedoch in Abschnitt 3.7.1 für die Erfüllung der Teilfunktionen Positionieren und Fügen gefordert. Da auch die vorgestellten aufgabenspezifischen Ausführungsformen keine Überwachungsfunktionen vorsehen, ist ihr Einsatz für die vorliegende Aufgabenstellung nicht möglich.

Aktive Fügemechanismen sind nur bei Verwendung eines sechsachsigen Industrieroboters einsetzbar, der für die vorliegende Montageaufgabe auf Grund der in Abschnitt 3.6 durchgeführten Bewegungsanalyse nicht zur Verfügung steht.

Die kombinierten Fügesysteme IRCC und MAGS benötigen zum Fehlerausgleich ebenfalls einen sechsachsigen Industrieroboter und sind daher für den vorliegenden Anwendungsfall nicht einsetzbar.

Das Schwenktischsystem erfüllt die funktionalen Anforderungen an das zu entwickelnde Fügesystem sehr gut. Die in Abschnitt 3.7.2.3 beschriebene Fügestrategie ist jedoch mit einem hohen Steuerungsaufwand und kostenintensiven Peripheriekomponenten verbunden, die im wesentlichen zum Ausgleich der Positionierfehler bei Bauteilen ohne Fügefasen benötigt werden. Da die im Rahmen dieser Arbeit behandelten Linsenbauformen mit Fügefasen versehen sind (vgl. Abschnitt 3.3.1), ist der hohe Aufwand für das Schwenktischkonzept aus wirtschaftlichen Gesichtspunkten nicht zu vertreten.

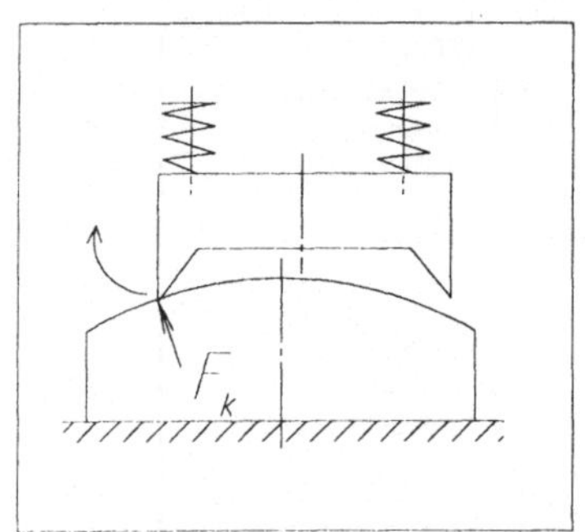

Abb. 3.17: Kontaktsituation Greifen

Das MTGS ist zur Erfüllung der Teilfunktionen Positionieren und Fügen nicht einsetzbar, da die geforderte Reduzierung des Restwinkelfehlers durch diese Lösungsalternative nicht realisierbar ist. Auf Grund der in das System integrierten rotatorischen Nachgiebigkeit kann beim Greifen keine definierte Winkellage zwischen Basis- und Fügeteil erzielt werden. Vielmehr wird der durch die Speicherform der Linse vorgegebene translatorische Fehler durch die Kontaktkraft F_k beim Greifen in einen Winkelfehler umgesetzt. Diese Situation ist in Abbildung 3.17 dargestellt.

Die im vorliegenden Anwendungsfall herrschenden Randbedingungen und Anforderungen machen daher die Entwicklung eines an die Aufgabenstellung angepaßten Positionier- und Fügesystems erforderlich, die im folgenden beschrieben wird.

3.7.5 Entwurf eines Teilsystems zum Positionieren und Fügen von Linsen

Aus der Analyse und Bewertung der vorhandenen Systemlösungen ergeben sich die folgenden Hinweise zum Entwurf eines geeigneten Teilsystems:

- Der Restfehlerausgleich muß passiv erfolgen. Um bei diesem Vorgang die geforderte Prozeßüberwachung zu ermöglichen, ist das System mit einer Kraftmeßeinrichtung auszustatten.
- Die Bewegungen zum translatorischen und rotatorischen Ausgleich sind kinematisch zu entkoppeln.
- Die rotatorische Nachgiebigkeit muß zur Anpassung an unterschiedliche Fügeteilgeometrien flexibel einstellbar sein.
- Um ein kraftreduziertes Fügen zu ermöglichen und somit die Beschädigungsgefahr der Linsenlackschicht zu reduzieren, muß der Ausgleich der Positionierungenauigkeiten zweistufig durchgeführt werden. In Stufe 1 wird eine Fehlerreduzierung durchgeführt, der in Stufe 2 der Ausgleich des Restwinkelfehlers beim Fügevorgang folgt (siehe Abb. 3.18). Bei der Fehlerreduzierung muß die rotatorische Nachgiebigkeit arretierbar sein, um eine Umsetzung des translatorischen Fehlers in einen Winkelfehler durch undefinierte Verformungen des passiven Ausgleichssystems zu vermeiden (vgl. Abb 3.17).

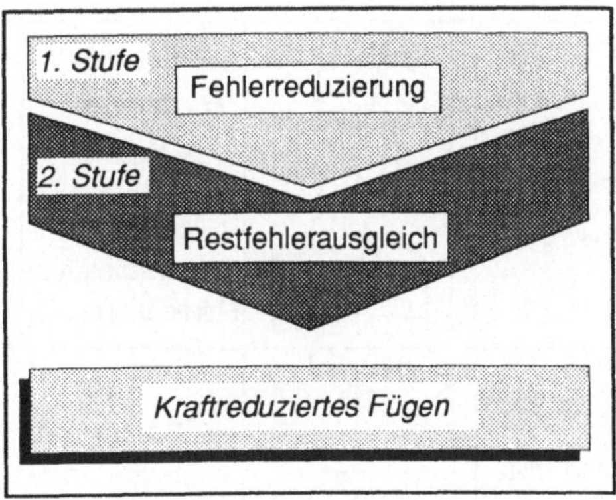

Abb. 3.18: Methode des Positionierfehlerausgleichs

Im folgenden wird ein Teilsystem vorgestellt, das diese Anforderungen erfüllt.

3.7.5.1 Übersicht

In Abbildung 3.19 ist eine Übersicht des Fügesystems dargestellt.

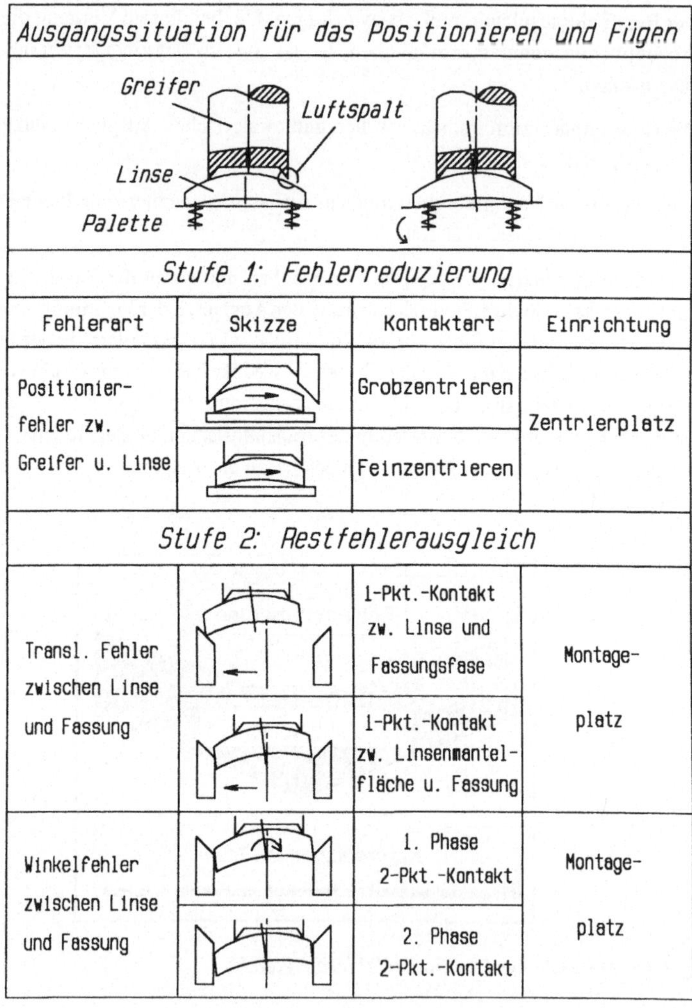

Abb. 3.19: Übersicht des Fügesystems

Die Ausgangssituation für das Positionieren und Fügen ist durch das in Abschnitt 3.5 entwickelte Teilsystem zur Erfüllung der Greiffunktion vorgegeben. Der translatorische Fehler zwischen dem Greifer und der in der Palette bereitgestellten Linse wird beim Kontakt der beiden Körper in einen Winkelfehler umgewandelt, da sich der Werkstückträger unter Einwirkung der entstehenden Reaktionskräfte elastisch verformt.

Dieser Winkelfehler zwischen Greifer und Linse wird in einem ersten Schritt auf ein zulässiges Restmaß reduziert, das ein Fügen der Linse ohne Beschädigung der Lackschicht zuläßt. Dazu wird die aufgenommene Linse an einem Zentrierplatz abgelegt. Das Grobzentrieren erfolgt durch den in den Greifer integrierten Zentrierkegel, das Feinzentrieren durch den Kontakt der Ringschneide des Greifertubus mit der Linsenoberfläche. Auf beide Zentrierverfahren wird in Abschnitt 3.7.5.2 genauer eingegangen.

Die jetzt nahezu winkelfehlerfrei gegriffene Linse wird durch den Industrieroboter an einen Montageplatz bewegt, in dem die Fassung translatorisch nachgiebig aufgespannt ist. Hier erfolgt in einem zweiten Schritt der Restfehlerausgleich.

Dabei kommt es zunächst zwischen Linse und Fassungsfase zu einem 1-Punkt-Kontakt, der sich mit wachsender Fügetiefe auf die Linsenmantelfläche verlagert. Durch die bei diesem Kontakt entstehenden Reaktionskräfte erfolgt der Ausgleich des translatorischen Restfehlers zwischen Linse und Fassung.

Mit Einsetzen des 2-Punkt-Kontaktes findet der Ausgleich des Restwinkelfehlers zwischen Linse und Fassung statt. Die erste Phase des 2-Punkt-Kontaktes ist dadurch charakterisiert, daß die Linsenmantelfläche nicht vollständig in die Fassung eingetaucht ist und die Linse beim Einschieben eine dem Fehler entgegengerichtete Drehbewegung ausführt. Mit Beginn der zweiten Phase ist der Restwinkelfehler soweit ausgeglichen, daß die Linse bis zu ihrer Anlage in die Fassung gefügt werden kann.

Im folgenden werden die einzelnen Teillösungen dieses Fügesystems detailliert beschrieben (vgl. /3.32/).

3.7.5.2 Zentrieren der Linsen

Die im Rahmen dieser Arbeit behandelten Linsenbauformen können durch drei unterschiedliche Verfahren zentriert werden.

1. Ausrichten mittels Ringschneide und Zweipunktanlage.
2. Ausrichten mit einem Hohlkegel am Oberrand des Zylinders.
3. Auflage auf eine Ringschneide oder Planfläche und Ausrichten mittels einer zweiten parallelen Ringschneide.

Das Ausrichten mittels Ringschneide und Zweipunktanlage erfordert für jeden Linsendurchmesser eine unterschiedliche Zentriervorrichtung und ist daher für ein flexibles System weniger geeignet (siehe Abb. 3.20). Bikonvexe und konvexkonkave Linsen können allerdings nur mit diesem Verfahren zentriert werden.

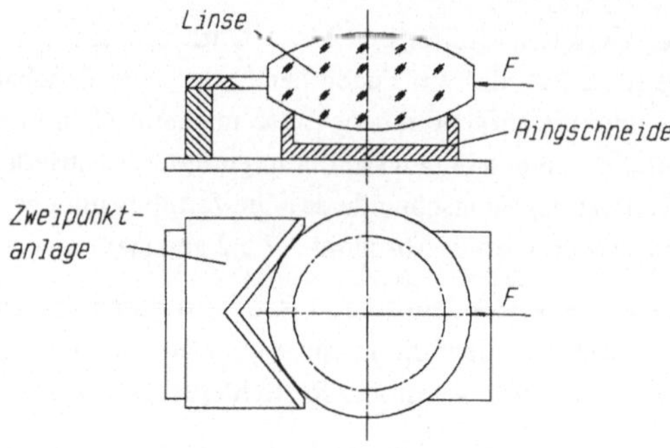

Abb. 3.20: Zentrierung mit Ringschneide und Zweipunktanlage

Die Verfahren 2 und 3 werden für die übrigen Linsenbauarten an einem Zentrierplatz umgesetzt.

Dabei handelt es sich um eine plane Ablagefläche (1) für die Linsen, die durch zwei Gewindestifte und eine Kugelauflage (2) zur Fügeachse des Handhabungsgerätes ausgerichtet werden kann (siehe Abb. 3.21). Die Linse wird nach ihrer Palettenentnahme hier abgelegt und zentriert.

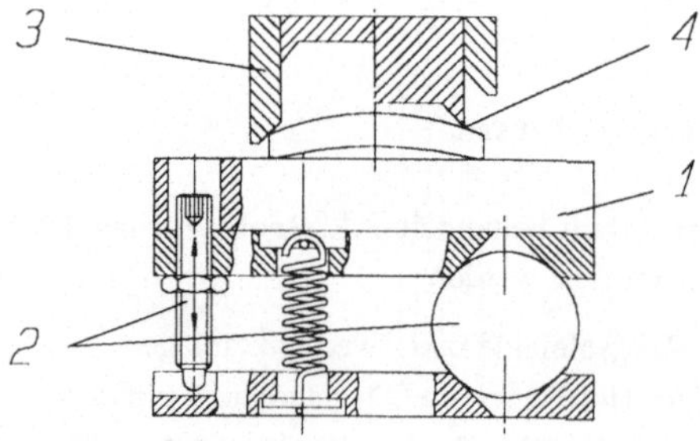

Abb. 3.21: Entwurf für den Zentrierplatz

Das Grobzentrieren der Linse erfolgt analog zur Palettenentnahme durch den Zentrierkegel (3), indem die Kontaktkraft im Randbereich der optisch wirksamen Fläche eingeleitet wird und dadurch die Linse ins Greiferzentrum rückt. Mit dem 1-Punkt-Kontakt der Ringschneide (4) des Greifertubus mit der Linsenoberfläche beginnt der Feinausgleich. Dieser ist abgeschlosssen, wenn die Ringschneide einen geschlossenen Linienkontakt mit der Linsenoberfläche aufweist. Die dabei auf die Linse einwirkende Kraft muß überwacht werden, um ihren Anstieg nach Abschluß des Feinzentrierens oder im Falle einer Störung zu erkennen. Für die Zentrierung plankonvexer Linsen muß die Ablagefläche (1) durch eine Ringschneide ersetzt werden.

Eine Beschädigungsgefahr der Linsenoberfläche durch das Feinzentrieren kann bei Einsatz eines geeigneten Greiferwerkstoffes ausgeschlossen werden, da die beschriebenen Zentrierverfahren in der optischen Industrie weit verbreitet sind (vgl. Abschnitt 3.5.3). Der nach Durchführung dieser Zentrierverfahren verbleibende Restwinkelfehler zwischen Füge- und Linsenmittelachse ist lediglich von der Fertigungsgenauigkeit des Greifers und der Justierung des Zentrierplatzes abhängig.

3.7.5.3 Ausgleich des translatorischen Fehlers zwischen Linse und Fassung

Durch die Verfahrbewegung des Industrieroboters, die Teach-In-Programmierung der Bahnpositionen und die Spanneinrichtung der Fassung entsteht ein translatorischer Fehler zwischen der Fügeachse und der Mittelachse der Fassung. Um ihn auszugleichen wird ein passives System eingesetzt, dessen maßgebliche Komponenten im folgenden beschrieben werden (siehe Abb. 3.22).

Die Aufnahme unterschiedlicher Fassungsgeometrien erfolgt durch einen 3-Finger-Greifer (1), der einen großen Durchmesserbereich abdeckt und über ein Zwischenstück (7) mit einer Gleitscheibe (3) verbunden ist. Die Gleitscheibe ist das den translatorischen Lagefehler ausgleichende Element und daher zwischen Kugelrollen (6) gelagert. Das Bauelement Kugelrolle besteht aus einem Gehäuse, in dem eine große Laufkugel auf mehreren kleinen Tragrollen kugelgelagert ist. Somit kann die Gleitscheibe und die mit ihr verbundene Fassung ebene Bewegungen senkrecht zur Fassungsmittelachse ausführen. Im Inneren des Zwischenstückes befindet sich eine Unwuchtmasse (2), die zur Einleitung fügeunterstützender Maßnahmen benötigt wird und die Gleitscheibe mit einer Schwingung beaufschlagen kann. Auf dieses Konzept wird in Abschnitt 3.7.5.5 eingegangen. Um beim Wechsel der Fassung und vor dem Fügen der Linsen eine einheitliche Ausgangslage der Gleitscheibe zu gewährleisten, besteht die Möglichkeit, diese mit einem pneumatisch betätigten Zentrierkegel (5) in ihre Grundposition zu bewegen. Die gesamte

Vorrichtung kann analog zum Zentrierplatz durch eine Justiereinrichtung (4) in eine normale Lage zur Fügeachse des Handhabungssystems ausgerichtet werden.

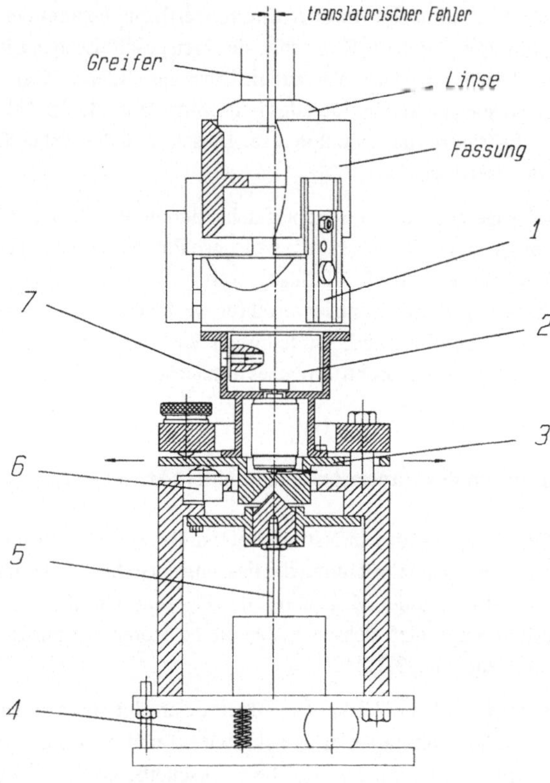

(1) 3-Finger Greifer (2) Unwuchtmasse (3) Gleitscheibe
(4) Kugelrolle (5) Zentrierkegel (6) Justiereinrichtung

Abb. 3.22: Montageplatz zum translatorischen Fehlerausgleich

Kommt es im Laufe des Montageprozesses zum Einpunktkontakt zwischen Linse und Fassung bewirkt die Kontaktkraft am Berührpunkt die Einleitung der gewünschten Ausgleichsbewegung, indem die Gleitscheibe zwischen den Kugelrollen verschoben wird.

3.7.5.4 Ausgleich des Winkelfehlers

Beim Zweipunktkontakt der Linse mit der Fassung muß der nach dem Zentrieren verbleibende Restwinkelfehler ausgeglichen werden, um zum einen ein Verklemmen der Linse und zum anderen eine Beschädigung der Lackschicht zu verhindern. Als passives Ausgleichssystem für diese Fehlerkompensation wird die Berührfläche zwischen Greifersaugrohr und Linse ausgenutzt, indem die Linse, bedingt durch die auftretenden Reaktionskräfte an der Fassung, eine Scherbewegung relativ zum Greifer ausführt. Diese kann kinematisch als eine Drehung des Berührkreises um den Mittelpunkt der kugelförmigen Oberfläche der Linse beschrieben werden und wirkt dem Winkelfehler entgegen (siehe Abb. 3.23).

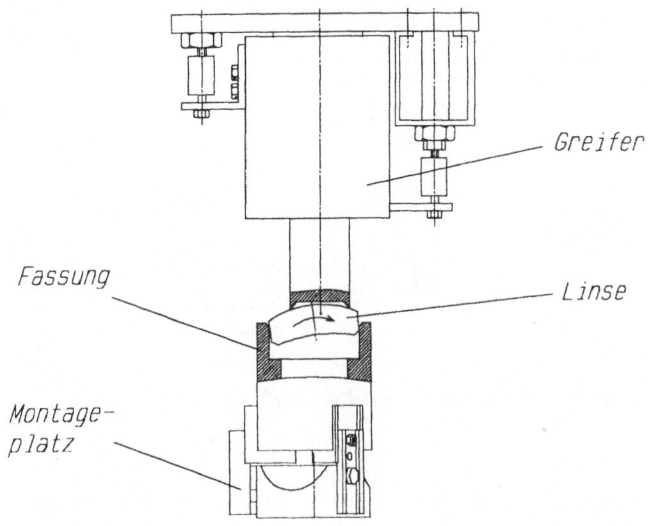

Abb. 3.23: Winkelfehlerausgleich am Effektor

Da die Nachgiebigkeit der Linse am Greifer durch die Größe des Unterdruckkraftfeldes bestimmt wird, kann über eine Variation dieses Parameters eine Anpassung an unterschiedliche Fügefälle durchgeführt werden. Der Einfluß des Greiferunterdrucks auf den Fügeprozeß wird in Kapitel 4 theoretisch und in Kapitel 5 experimentell ermittelt. Bei Einsatz einer Venturidüse zur Vakuumerzeugung steht der in Abbildung 3.24 dargestellte Unterdruckbereich zur Verfügung.

Bei dem in Abschnitt 3.7.5.3 beschriebenen Ausgleich des translatorischen Fehlers durch die Kontaktkraft zwischen Linse und Fassung muß der Venturisauger mit hohem Betriebsdruck beaufschlagt werden, um das Verschieben der Linse am Greifer in dieser Phase zu verhindern. Dieser Effekt wird beim Winkelfehlerausgleich erwünscht und durch das Umschalten auf ein niedrigeres Druckniveau eingeleitet. Abschließend erfolgt das Einschieben der Linse bis zu ihrer Anlage in der Fassung. Eine Beschädigungsgefahr der Linsenoberfläche durch die Scherbewegung kann ausgeschlossen werden, da die aus der Ausgleichsbewegung resultierende Belastung vernachlässigbar ist.

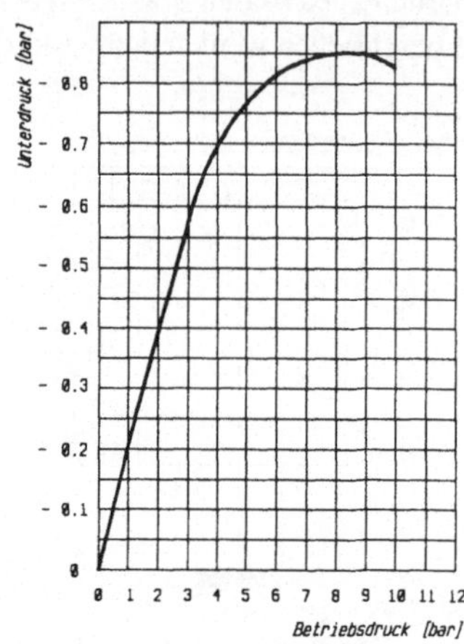

Abb. 3.24: Variationsbereich des Unterdruckkraftfeldes /3.33/

Die Vorteile dieser Systemlösung sind zum einen darin zu sehen, daß zur Realisierung der rotatorischen Nachgiebigkeit keine zusätzlichen mechanischen Bauelemente benötigt werden und zum anderen über eine einfach zu realisierende Veränderung des Betriebsdruckes eine aufgabenspezifische Optimierung der Nachgiebigkeit realisiert werden kann.

3.7.5.5 Fügeunterstützende Maßnahmen

Um den Fügevorgang zu unterstützen, sieht das Montagekonzept die Überlagerung der Fügebewegung mit einer Schwingung vor, die einen permanenten Wechsel der Kontaktpunkte zwischen den Fügepartnern bewirkt.

Als Schwingungserreger wird eine rotierende Unwuchtmasse eingesetzt, die in Zusammenhang mit Abbildung 3.22 bereits angesprochen wurde. Der Gesamtschwerpunkt des Schwingungserregers kann über eine Stellschraube variiert werden, so daß unterschiedliche Amplituden erprobt werden können. Die Frequenz ist über die Drehzahl des Antriebsmotors regelbar.

Bestehende Untersuchungen, die z.B. für das Fügen von Crimpkontakten durchgeführt worden sind, weisen einen günstigen Einfluß dieser Zusatzmaßnahme auf die Erfolgsrate des Prozesses nach (vgl. /3.34/). Da sich durch die senkrecht zur Fügeachse einstellende Schwingbewegung eine zusätzliche Belastung der Linsenlackschicht ergibt, wird in Kapitel 5 die Einsatzmöglichkeit dieser Maßnahme experimentell untersucht.

3.8 Entwicklung eines Prozeßüberwachungskonzeptes

An das Überwachungssystem für den Montageprozeß sind zwei Anforderungen zu stellen:

- Störungen des Prozeßablaufes müssen frühzeitig erkannt werden.
- Eine Beschädigungsgefahr für die Linsenlackschicht ist auszuschließen.

Um diese Anforderungen zu erfüllen, ist in den Greifer ein Miniaturkraftaufnehmer für Zug- und Druckkräfte auf DMS-Basis integriert, der die auftretende Reaktionskraft in Fügerichtung während der einzelnen Phasen des Montageprozesses mißt (siehe Abb. 3.25).

Dazu wertet der Kraftaufnehmer die Relativbewegung in Fügerichtung zwischen der an das Handhabungssystems gekoppelten Adapterplatte und der Flanschplatte, die den Greifertubus trägt, aus. Die Führung dieser Bewegung wird durch ein Linearlager realisiert, das zum einen die Parallelität der Platten gewährleisten muß und zum anderen die Messung nicht durch einen unzulässig hohen Rollreibungswiderstand beeinflussen darf. Der Kraftfluß zwischen den beiden Platten in Fügerichtung muß also idealisiert betrachtet ausschließlich über die Befestigungen am Kraftaufnehmer erfolgen. Die gemessene Kraft F_f, die sich aus der Kraft des Handhabungsgerätes auf den Greifer und dem Greifergewicht zusammensetzt, wird im folgenden als Fügekraft bezeichnet.

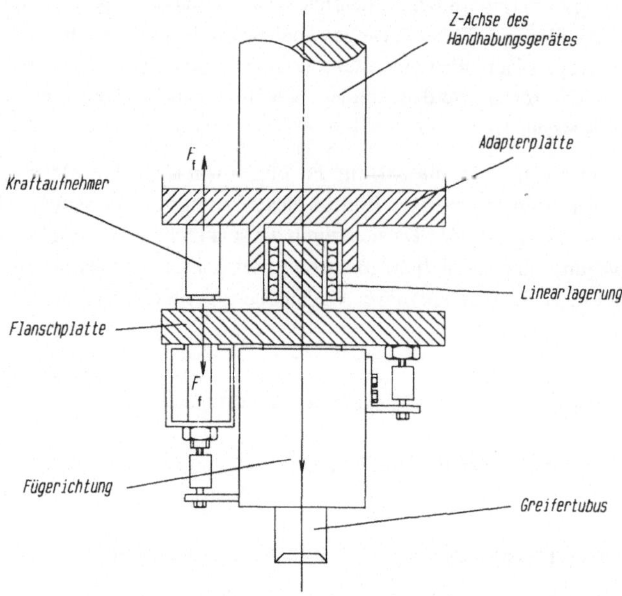

Abb. 3.25: Meßkonzept für die Fügekraft

Das Konzept der Prozeßüberwachung sieht vor, die Fügekraft mit einem Kraftwert zu vergleichen, der die zulässige Obergrenze der Fügekraft in Abhängigkeit der bearbeiteten Teilfunktion darstellt. Dieser Kraftwert wird im folgenden als Grenzwert bezeichnet. Der Grenzwert setzt sich aus der analytisch zu berechnenden erforderlichen Fügekraft und einem Sicherheitszuschlag zusammen. Die erforderliche Fügekraft muß an Hand eines idealisierten Prozeßmodells ermittelt und durch experimentelle Untersuchungen abgesichert werden. Aus dem Vergleich der theoretisch und experimentell ermittelten Fügekräfte wird der Sicherheitszuschlag abgeleitet, der benötigt wird, um die im Modell getroffenen idealisierten Annahmen an die Situationen im realen Prozeß anzupassen. Auf der Basis des analytischen Prozeßmodells können somit unter Verwendung der experimentell ermittelten Sicherheitszuschläge für jede nach Abschnitt 3.3.1 abgegrenzte Montageaufgabe die zur Überwachung der einzelnen Teilfunktionen erforderlichen Grenzwerte rein rechnerisch ermittelt werden.

Die Überschreitung eines Grenzwertes deutet auf eine bevorstehende Prozeßstörung hin, da in diesem Fall die Annahmen des an den realen Prozeß angepaßten Prozeßmodells nicht erfüllt sind. Durch den Vergleich der Fügekraft mit dem zugehörigen Grenzwert wird also überwacht, ob der Prozeß unter Berücksichtigung eines durch den Sicherheitszuschlag definierten Toleranzfeldes ideal verläuft.

Für die Teilfunktionen, in denen eine Beschädigung der Linsenlackschicht möglich ist, sieht das Prozeßüberwachungskonzept zunächst eine Überprüfung vor, in der festgestellt wird, ob Fügekräfte in der Höhe der aus dem Prozeßmodell resultierenden Grenzwerte bereits eine Beschädigung verursachen können. Dazu wird ein zweiter Kraftwert benötigt, der die zulässige Obergrenze der Fügekraft für einen beschädigungsfreien Prozeß widerspiegelt. Dieser Kraftwert wird im folgenden als maximal zulässige Fügekraft bezeichnet und im Rahmen der theoretischen und experimentellen Untersuchungen bestimmt. Überschreitet der Grenzwert die maximal zulässige Fügekraft ist eine fehlerfreie Montage der vorliegenden Fügepartner nicht möglich. Das Prozeßüberwachungssystem verhindert in diesem Fall die Ausführung des Montageprozesses und gibt eine Diagnosemeldung aus. Die Realisierung des Prozeßüberwachungskonzeptes wird in Abschnitt 6.3 im Zusammenhang mit der dazu entwickelten Software detailliert beschrieben.

In Abbildung 3.26 sind die in den einzelnen Prozeßphasen auszugleichenden Fehlerarten, die zugeordneten Grenzwerte und die maximal zulässigen Fügekräfte dargestellt.

Prozeßüberwachung			
Fehlerart	Skizze	Grenzwert	max. zulässige Fügekraft
Positionierfehler zw. Greifer u. Linse			nicht erforderlich
		1. Grenzwert	nicht erforderlich
Transl. Fehler zwischen Linse und Fassung	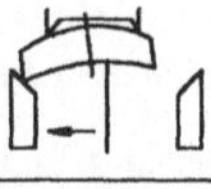	2. Grenzwert	nicht erforderlich
	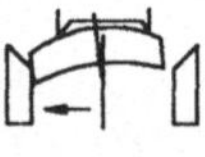		erforderlich
Winkelfehler zwischen Linse und Fassung	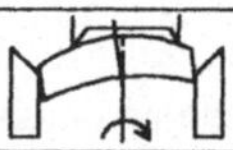	3. Grenzwert	erforderlich
		4. Grenzwert	nicht erforderlich

Abb 3.26: Übersicht zur Prozeßüberwachung

Der erste Grenzwert dient der Überprüfung des Feinzentrierens. Hierbei müssen auftretende Selbsthemmungen und der Abschluß der Teilfunktion, der durch einen abrupten Anstieg des Meßwertes gekennzeichnet ist, erkannt werden.

Während des translatorischen Fehlerausgleichs wird der zweite Grenzwert überwacht. Da beim 2-Punkt-Kontakt zwischen Linsenmantelfläche und Fassung die Lackschicht einer Schabbelastung ausgesetzt ist, wird für diese Phase die maximal zulässige Fügekraft zur Überprüfung der Prozeßrealisierung benötigt.

Beim Winkelfehlerausgleich ist eine Überwachung des Prozesses erforderlich, da es zum Verklemmen der Linse in der Fassung kommen kann. Den zugehörigen Phasen werden die Grenzwerte drei und vier zugeordnet. In der ersten Phase des Winkelfehlerausgleichs, in der der Kontaktpunkt zwischen Linse und Fassung auf der lackierten Mantelfläche liegt, ist aus dem oben genannten Grund zusätzlich die Ermittlung der maximal zulässigen Fügekraft erforderlich.

3.9 Zusammenfassung der Systementwicklung

Zur Systementwicklung wurde ein Prozeßmodell der zu untersuchenden Montageaufgabe entwickelt. Für die darin abgebildeten Funktionen wurden im Rahmen einer Teilsystementwicklung die folgenden Funktionsträger ausgewählt:

- als Funktionsträger des Speicherns das Palettenmagazin,
- als Funktionsträger des Greifens ein Vakuumgreifer mit integrierter Zentrier- und Meßvorrichtung,
- als Funktionsträger des Bewegens ein dreiachsiger Industrieroboter
- und als Funktionsträger des Positionierens und Fügens ein Zentrierplatz und eine Montagevorrichtung.

In Abbildung 3.27 ist das Layout einer Montagezelle für die automatisierte Montage von optischen Linsen unter Verwendung der genannten Funktionsträger dargestellt.

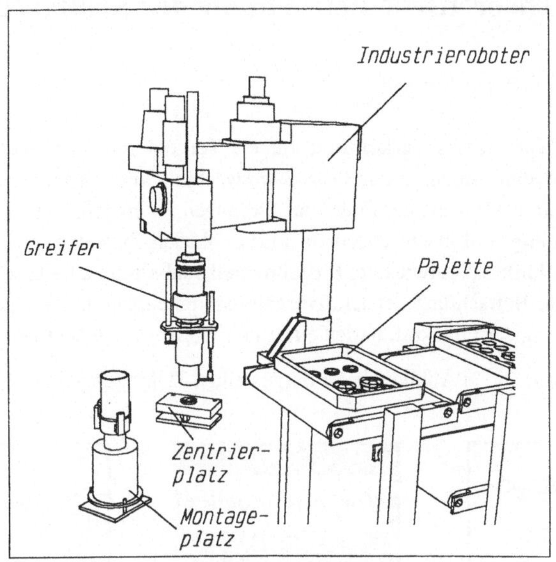

Abb. 3.27: Layout einer automatisierten Montagezelle

Weiterhin wurde ein Konzept für die erforderliche Prozeßüberwachung vorgestellt, das auf der Messung und Überwachung der in Fügerichtung wirkenden Kraftkomponente beruht.

Die folgenden theoretischen Betrachtungen der Kraftverhältnisse müssen den Nachweis erbringen, daß dieses Konzept ausreichende Informationen für eine erfolgreiche Prozeßüberwachung liefert und die Möglichkeit zur Herleitung der erforderlichen Fügekräfte in den einzelnen Prozeßphasen zur Verfügung stellt.

4. Theoretische Betrachtung der Kraftverhältnisse

4.1 Vorbemerkungen

Im Kapitel 3 wurden Lösungskonzepte für die Teilfunktionen des Montageprozesses vorgestellt und eine Strategie zur Prozeßüberwachung entwickelt. Diese verfolgt die Zielsetzung, durch Messung der Fügekraft Störungen im Prozeßablauf zu erkennen und eine Beschädigung der Linsenlackschicht auszuschließen. Zielsetzung dieses Kapitels ist es, das in Abschnitt 3.3 entwickelte Prozeßmodell analytisch zu beschreiben und durch die theoretische Betrachtung der Kraftverhältnisse eine quantitative Aussage über den zulässigen Betrag der Fügekraft in den einzelnen Prozeßphasen herzuleiten.

Im einzelnen sind die in Abbildung 4.1 dargestellten Zielsetzungen zu verfolgen.

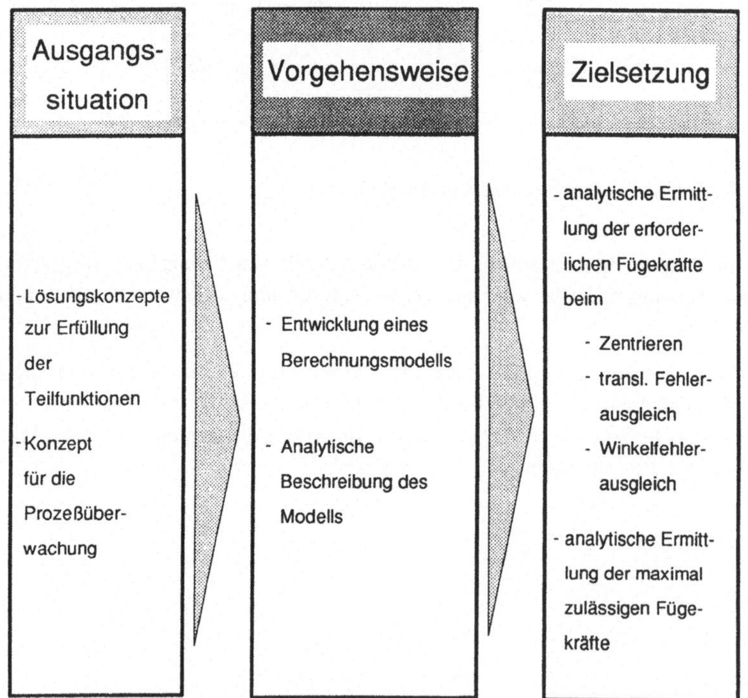

Abb. 4.1: Vorgehensweise und Zielsetzungen

In einem ersten Schritt werden Modelle hergeleitet, die eine allgemeingültige Behandlung der zu betrachtenden Linsenbauformen ermöglichen und zur analytischen Beschreibung der in Kapitel 3 vorgestellten Teilsysteme dienen.

Anschließend erfolgt auf der Grundlage der Sätze der Mechanik die analytische Ermittlung der erforderlichen Fügekräfte in den einzelnen Prozeßphasen und der durch die Lackierung der Linse bedingten maximal zulässigen Fügekräfte.

Zusammenfassend sollen durch diese Betrachtungen qualitative und quantitative Informationen über die Kraftverhältnisse beim Montageprozeß gewonnen werden, die zur Realisierung der vorgestellten Prozeßüberwachungsstrategie benötigt werden.

4.2 Modell des Montagesystems

Um allgemeingültige Aussagen über das Verhalten des Montagesystems zu erhalten, muß ein Modell entwickelt werden, das den Fügeprozeß abbildet. Ziel dieser Modellbildung ist es, durch eine physikalische Beschreibung der zu untersuchenden Teilprozesse Aussagen über den funktionalen Zusammenhang der Einflußgrößen auf die Zielgrößen zu gewinnen (vgl. /4.1/). Dabei stehen nach /3.3 / drei Möglichkeiten zur Verfügung. Diese sind die analytische Beschreibung durch Sätze der Mechanik, die Simulation des Bauteilverhaltens durch Einteilung in berechenbare Elemente (wie z.B. die Finite-Elemente-Methode) und die experimentelle Untersuchung. Im Rahmen der an dieser Stelle durchzuführenden theoretischen Betrachtungen wird die analytische Methode der Modellbildung angewendet.

Die Zielgrößen des Modells sind die erforderlichen und gegebenenfalls maximal zulässigen Fügekräfte in den einzelnen Phasen des Montageablaufs. Zu ihrer Ermittlung geht die analytische Beschreibung von der idealisierten Voraussetzung aus, daß das betrachtete System ein quasistatisches Verhalten aufweist.

Die räumlichen Problemstellungen werden in Situationen, die durch 1-Punkt oder 2-Punkt-Kontakte gekennzeichnet sind, auf ebene Probleme zurückgeführt. Lediglich bei der Beschreibung der Scherbewegung zwischen Linse und Greifer beim Winkelfehlerausgleich ist eine räumliche Betrachtungsweise erforderlich.

Im folgenden wird für das betrachtete Montagesystem ein idealisiertes Modell entwickelt.

4.2.1 Ableitung eines einheitlichen Linsenmodells

Die geometrische Struktur der zu betrachtenden Linsen kann modellhaft durch eine Kombination der Grundkörper Zylinder und Kugelabschnitt beschrieben werden. In Abbildung 4.2 ist eine solche Aufteilung für eine bikonvexe und bikonkave Linse dargestellt.

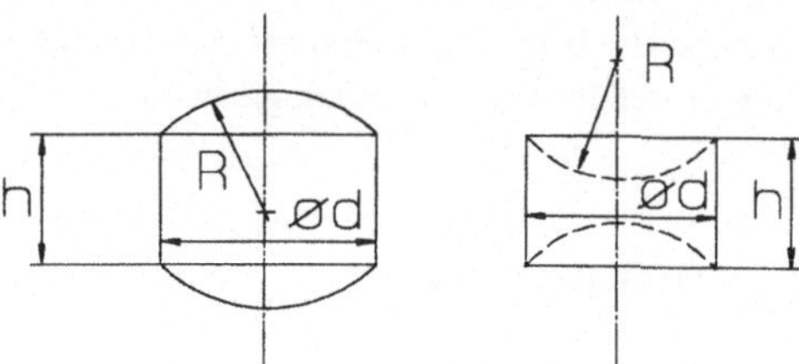

Abb. 4.2: Zerlegung der Linsengeometrie in Grundkörper

Die Beschreibungsgrößen dieses Modells sind der Durchmesser d und die Höhe h des Grundzylinders, sowie der Krümmungsradius R des Kugelabschnitts.

Die Einleitung der Fügekraft in die Linse erfolgt durch die Kontaktpunkte zwischen Linse und Greifer auf den Kugelabschnitten und ist demzufolge relativ zum Grundzylinder um das in Abbildung 4.3 dargestellte Maß x verschoben. Für plane Greifseiten ist x = 0, für konvexe größer und für konkave kleiner Null.

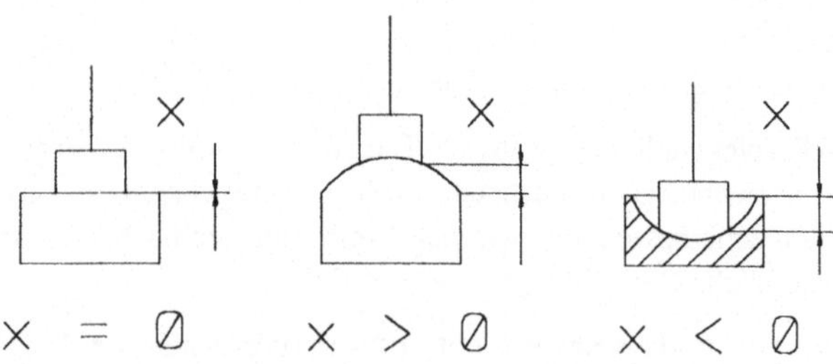

Abb. 4.3: Geometrie der Fügekrafteinleitung

Der Betrag von x ermittelt sich in Anlehnung an Abbildung 4.4 aus dem Greiferradius g, dem Linsenradius d/2 und dem Krümmungsradius R der Kugelmantelfläche zu:

$$|x| = \sqrt{R^2 - g^2} - \sqrt{R^2 - (d/2)^2} \tag{4.2.1}$$

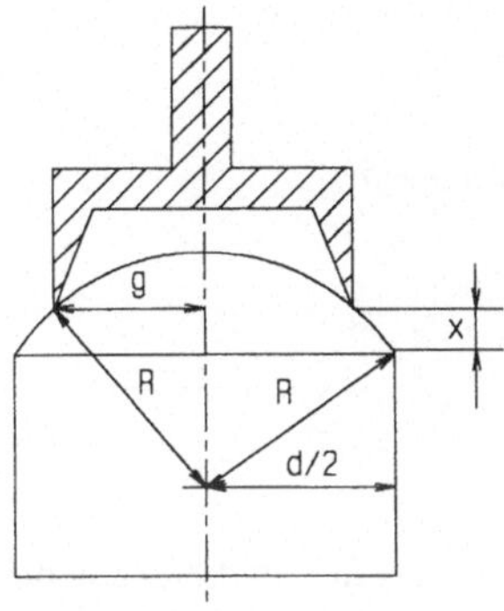

Abb. 4.4: Ermittlung der Kontaktpunktlage

Da bei gegriffener Linse die Krafteinleitung vom Greifer auf die Linse im Rahmen des Restwinkelfehlers symmetrisch zur Linsenmittelachse verläuft, läßt sich ein einheitliches Beschreibungsmodell für die Linse ableiten. Es besteht aus einem Grundzylinder, der durch ein Rechteck symbolisiert wird und einem Hebel der Länge x, an dessen Ende die Fügekräfte angreifen.

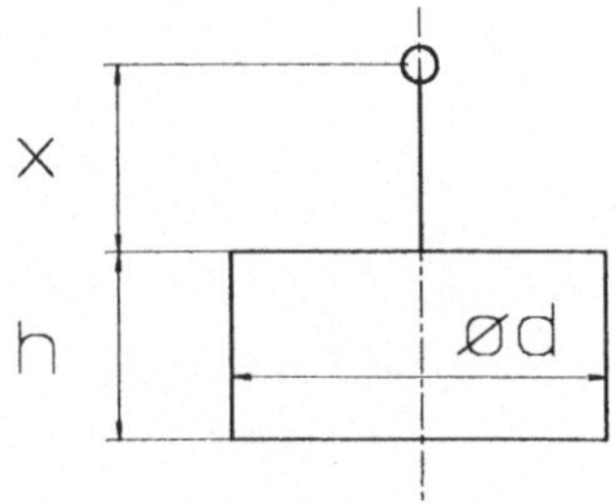

Abb. 4.5: Einheitliches Linsenmodell

4.2.2 Gleichgewichtsbetrachtungen für die Komponenten des Fügesystems

Zur Ermittlung der beim Fügevorgang auftretenden Kräfte werden die einzelnen Komponenten des Fügemechanismus freigeschnitten, mit den Gleichgewichtsbedingungen der Mechanik mathematisch erfaßt und mit den zutreffenden Koppelbedingungen wieder zusammengesetzt. In Anlehnung an Abbildung 4.6 ergeben sich vom Handhabungsgerät ausgehend bis zur Auflage vier Teilsysteme, die analysiert werden müssen:

Handhabungssystem - Z-Achse/Greifer

Z-Achse/Greifer - Linse

Linse - Fassung/Aufnahme

Fassung/Aufnahme - Auflage

Die Koppelbedingungen zwischen Linse und Fassung differieren in Abhängigkeit von der Kontaktsituation und werden in Abschnitt 4.3.3 gesondert untersucht. Zunächst wird dieses Teilsystem trotz der Relativbewegung zwischen Linse und Fassung als Einheit betrachtet. Dieses Vorgehen ist zulässig, da dynamische Kräfte nicht berücksichtigt werden und sich somit jedes freigeschnittene Teilsystem unter dem Einfluß der angreifenden äußeren Kräfte im Gleichgewicht befindet (vgl. /4.2, 4.3/).

In Abbildung 4.6 werden die Kraftverhältnisse in den freigeschnittenen Teilsystemen dargestellt.

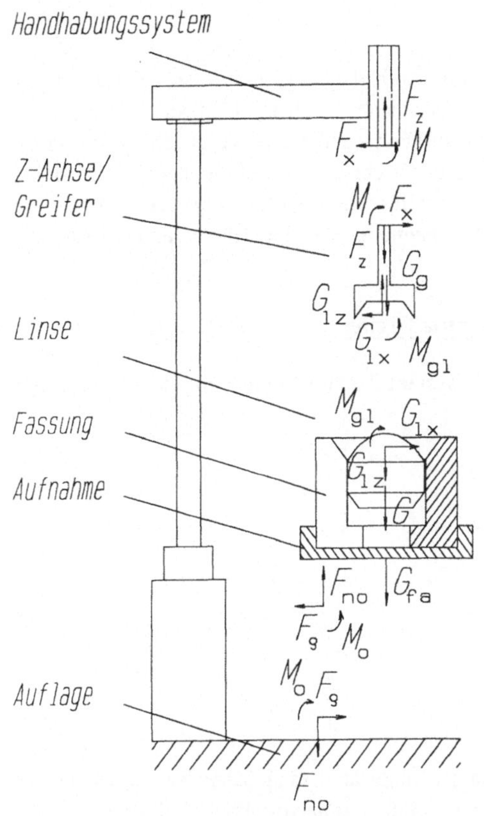

Abb. 4.6: Teilsysteme des Fügemechanismus

In Abhängigkeit der konstruktiven Auslegung ergeben sich für die dargestellten Schnittstellen unterschiedliche Charakteristiken, die die Kraftverläufe beim Fügevorgang bestimmen, zur Bildung eines Berechnungsmodells bekannt sein müssen und daher im folgenden beschrieben werden.

Modell der Handhabungseinrichtung

Die Z-Achse des Handhabungsgerätes führt während des Fügeprozesses eine Bewegung in Fügerichtung aus. Sie leitet in den Greifer die Kraft F_z in Fügerichtung ein. Als Reaktionskraft bzw. Reaktionsmoment wirken F_x und M. Im Vergleich zu den für den Fehlerausgleich vorgesehenen und daher nachgiebigen Komponenten des Montagesystems ist das Handhabungssystem als steif anzusehen (vgl. /4.4/). Die Z-Achse wird daher als Schubhülse in einer festen Einspannung modelliert, die beliebige Reaktionskräfte und -momente aufnehmen kann.

Teilsystem Handhabungsgerät - Z-Achse/Greifer

In der folgenden Abbildung ist das Teilsystem Z-Achse/Greifer mit den daran angreifenden äußeren Kräften dargestellt.

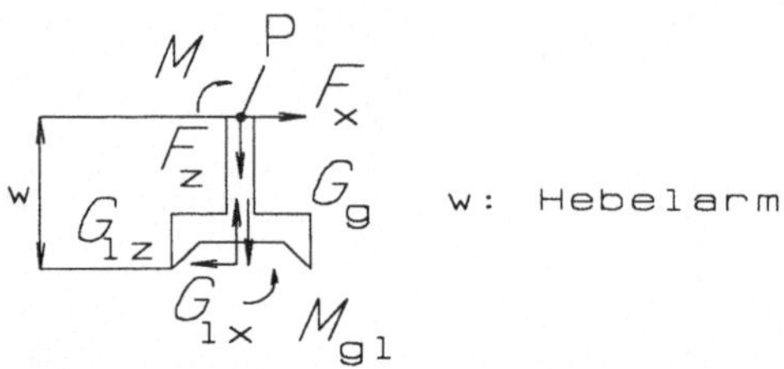

Abb 4.7: Teilsystem Greifer

Der Freischnitt des Systems erfolgt an der Stelle, an dem die Z-Achse mit dem Greifer die Schubhülse des Handhabungsgerätes verläßt. Der dargestellte Hebelarm w setzt sich aus der Bauhöhe des Greifers und der zum Beobachtungszeitraum vorgegebenen Verfahrposition der Z-Achse zusammen. Das Handhabungsgerät bringt auf den Greifer die Kraft F_z auf. Als Reaktionskraft bzw. Reaktionsmoment wirken F_x und M. Die Gewichtskraft des Greifers G_g ist kollinear zu F. Auf die Linse wirken unter der Annahme eines symmetrischen Kraftangriffs die Reaktionskräfte G_{lx}, G_{lz} sowie das Reaktionsmoment M_{gl}. Reibungseinflüsse zwischen Greifer und Linse sind in den Reaktionskräften mitberücksichtigt. Als bekannt angenommen wird die gemessene Summe F_f der Kräfte aus F_z und G_g. Die Gleichgewichtsbedingungen für dieses Teilsystem liefern:

$$\Sigma F_x = 0 \Rightarrow G_{lx} = F_x \qquad (4.2.2)$$

$$\Sigma F_z = 0 \Rightarrow G_{lz} = F_f = F_z + G_g \qquad (4.2.3)$$

$\Sigma M_y = 0 \Rightarrow M_{gl} - M - w \cdot G_{lx} = 0$ (4.2.4)

Der Ausgleich des Winkelfehlers zwischen Linse und Greifer erfolgt für das zu beschreibende Montagesystem ausschließlich durch Scherung der Linse am Greifer (vgl. Abschnitt 3.7.5.4). Daher ergibt sich das Moment M als Reaktionsmoment ($M = f(F_f)$).

Teilsystem Z-Achse/Greifer - Linse

Auf das Teilsystem Z-Achse/Greifer-Linse wird im Abschnitt 4.3.3.5 detailliert eingegangen.

Teilsystem Linse/Fassung/Aufnahme - Auflage

Auf das System Linse-Fassung-Fassungsaufnahme wirken über die Linse vom Greifer her das Moment M_{gl} sowie die Kräfte G_{lx} und G_{lz}. Zusätzlich greifen die Gewichtskräfte G der Linse und G_{fa} der Fassung und der Fassungaufnahme an. Zwischen Fassungsaufnahme und Auflage wirkt die Gesamtnormalkraft F_{no} und die der Ausgleichsbewegung entgegenwirkende Reibkraft F_ρ. Die Fassungsaufnahme nimmt beliebige Reaktionsmomente M_o auf.

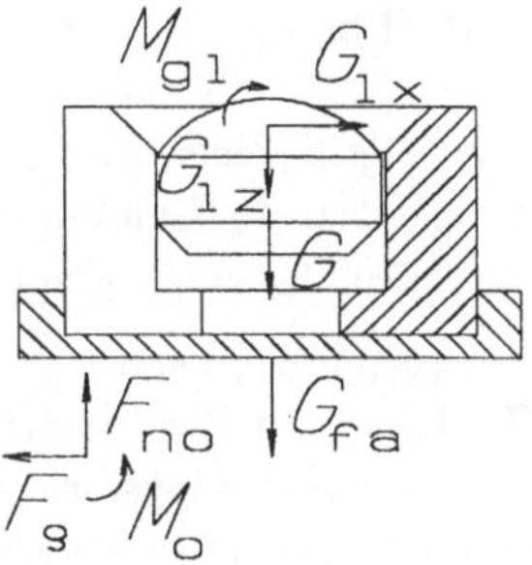

Abb. 4.8: Teilsystem Linse-Fassung-Aufnahme/ Auflage

Die Bedingungen zum Kräftegleichgewicht liefern für dieses System:

$\Sigma F_z = 0 \Rightarrow G_{lz} + G + G_{fa} - F_{no} = 0$ (4.2.5)

$\Sigma F_x = 0 \Rightarrow G_{lx} - F_\rho = 0$ (4.2.6)

Die Lagerung zwischen Fassungsaufnahme und Auflage dient dem Ausgleich des translatorischen Fehlers und wird durch eine Kugelrollenlagerung realisiert. Die Rollreibkraft F_ρ beschreibt den Kraftanteil, der zur Auslenkung der gelagerten Einheit in Bewegungsrichtung benötigt wird und ist zum einen von der Normalkraft auf die Lagerung und zum anderen vom Radius R_K der Rollen und dem Hebelarm der Rollreibung f abhängig (vgl. /4.3/). Die Koppelbedingung zwischen Fassungsaufnahme und Auflage wird daher folgendermaßen beschrieben.

$$F_\rho = F_{no} \cdot f/R_k \qquad (4.2.7)$$

Die durchgeführte Beschreibung der Schnittstellencharakteristiken des Montagesystems ermöglicht es, die nun folgenden Berechnungen für die einzelnen Phasen des Fügeprozesses durchzuführen.

4.3 Analytische Kraftermittlung

4.3.1 Feinzentrieren der Linse

Das Feinzentrieren der Linse verfolgt die Zielsetzung, eine definierte Lage zwischen dem aufzunehmenden Bauelement und dem Greifer herzustellen und somit verbesserte Voraussetzungen für den nachfolgenden Fügevorgang zu schaffen.

Dazu verfährt das Handhabungsgerät den Greifer so weit in z-Richtung, bis es zum Einpunktkontakt mit der Linse kommt. Im Zuge der nun einsetzenden Relativbewegung zwischen Greifer und Linse sowie zwischen Linse und Zentrierplatz werden die Positionierungenauigkeiten reduziert. Da bei diesem Vorgang zwischen Greifer und Linse Punktkontakt herrscht wird angenommen, daß an dieser Stelle keine Momente übertragen werden. Der Berührpunkt C kann somit als Schubgelenk modelliert werden. Im Verlauf der Ausgleichbewegung wandert dieser Kontaktpunkt auf der Linse, wodurch sich für die momentane Steigung der Linsenoberfläche ein funktionaler Zusammenhang mit der z-Koordinate der Greiferposition ergibt. Zu jedem Zeitpunkt der Bewegung kann dem Steigungswinkel jedoch ein fester Wert zugeordnet werden. Die sphärische Linsenoberfläche kann somit als Keil beschrieben werden, woraus sich das in Abbildung 4.9 dargestellte kinematische Modell des Zentriervorgangs ergibt.

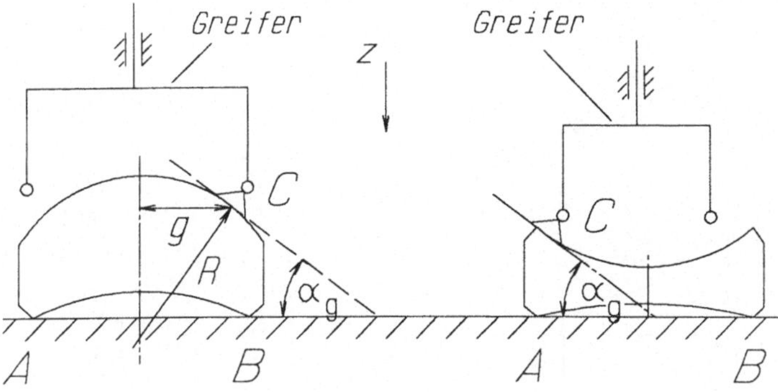

Abb. 4.9: Kinematisches Modell für das Feinzentrieren

Der momentane Steigungswinkel α_g des Modellkeils ergibt sich (für Greiferradius g >> translatorischer Fehler zwischen Greifer und Linse) aus dem Greiferradius und dem Krümmungsradius R der Linse zu:

$$\alpha_g = \arcsin(g/R) \tag{4.3.1}$$

Im folgenden wird die Fügekraft ermittelt, die in die Linse eingeleitet werden muß, um die Ausgleichsbewegung (Zentrieren) zu ermöglichen. Der Steigungswinkel α_g wird größer als der Reibungswinkel ρ_{gl} zwischen Greifer und Linse definiert, da ansonsten ein Zentrieren auf Grund von Selbsthemmung nicht möglich ist. In der folgenden Abbildung sind die unter diesen Voraussetzungen in den Berührpunkten der Linse wirkenden Kontaktkräfte dargestellt.

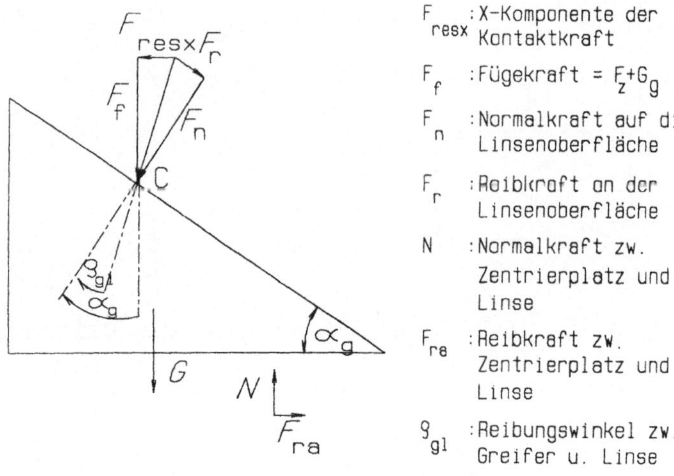

Abb. 4.10: Kontaktkräfte auf das Linsenmodell

Mit μ_a als dem Haftreibungswert zwischen Zentrierplatz und Linse lassen sich folgende Zusammenhänge ableiten:

$$F_{resx} = \tan(\alpha_g - \varrho_{gl})\, F_f \quad (1)$$

$$N = G + F_f \quad (2)$$

$$F_{ra} = \mu_a N = \mu_a (G + F_f) \quad (3)$$

Um die Ausgleichsbewegung durch Überwindung der Haftreibung zu ermöglichen, muß F_{resx} betragsmäßig größer als die entgegenwirkende Kraft F_{ra} sein. Daraus folgt:

$$F_f > \frac{\mu_a G}{\tan(\alpha_g - \varrho_{gl}) - \mu_a} \quad (4.3.2)$$

Dieser Betrag von F_f ist erforderlich, um für das idealisierte Modell das Feinzentrieren der Linse nach dem im Abschnitt 3.5 vorgestellten Prinzip zu ermöglichen. Er stellt mit dem in Abschnitt 3.5.7.6 angesprochenen Sicherheitszuschlag den ersten Grenzwert für die Prozeßüberwachung des Systems dar.

Um für einen repräsentativen Fügefall die Größenordnung der benötigten Fügekraft zu verdeutlichen, wird im folgenden ein Zahlenbeispiel aufgeführt.

Für

- ein Linsengewicht von 290 Gramm,
- den Krümmungsradius 71,4 mm,
- den Reibwert $\mu_a = 0{,}13$,
- den Reibwert $\mu_{gl} = 0{,}11$
- und einen Lagefehler von 0,5 mm

resultiert die erforderliche Fügekraft F_f bei Einsatz eines Greifers mit dem Ringschneidendurchmesser 40 mm zu 9,76 Newton.

Der Krümmungsradius, Ringschneidendurchmesser und Lagefehler dienen in diesem Zahlenbeispiel der Ermittlung des Steigungswinkels α_g nach Gleichung 4.3.1.

4.3.2 Translatorischer Fehlerausgleich zwischen Linse und Fassung

4.3.2.1 Einpunktkontakt zwischen Linsen- und Fassungsfase

Nach /4.5/ darf der translatorische Fehler zwischen Linse und Fassung den Wert $(D_f - d_f)/2$ nicht überschreiten (D_f = größter Durchmesser der Fassungsfase, d_f = kleinster Durchmesser der Linsenfase), damit es zum Einpunktkontakt zwischen den Fasen der zu fügenden Teile kommt. Während dieses Einpunktkontaktes muß der translatorische Fehler soweit reduziert werden, daß der zulässige Positionierfehler für den Zweipunktkontakt unterschritten wird. Analog zu den Betrachtungen für das Feinzentieren der Linsen wird der Berührpunkt zwischen Linse und Fassung als Schubgelenk modelliert. Durch Einleiten der Fügekraft F_f wirkt daher an der Kontaktstelle nur die Kraft F_k. Diese muß zur Einleitung der translatorischen Ausgleichsbewegung die normalkraftabhängige Rollreibungskraft F_p überwinden, die sich auf Grund der Fassungslagerung ergibt. Bei diesem Ausgleichsvorgang wird die Verbindung zwischen Greifer und Linse als starr betrachtet. In Abbildung 4.11 ist die Kontaktkraftsituation für diese Phase dargestellt.

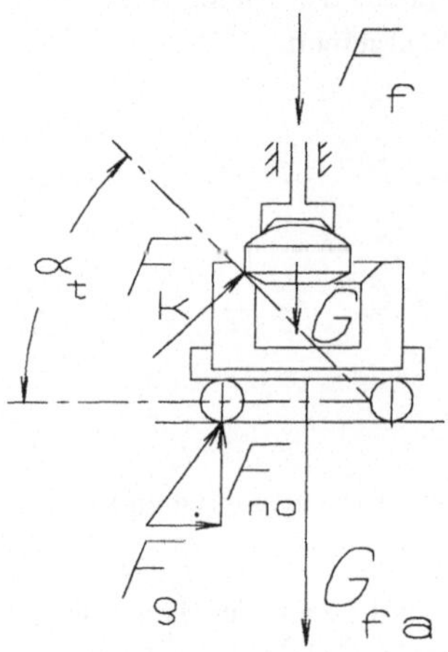

F_f : Fügekraft = $F_z + G_g$

F_K : Kontaktkraft

G : Gewichtskraft der Linse

G_{fa} : Gewichtskraft von Fassung u. Aufnahme

F_g : Rollreibungskraft

F_{no} : Normalkraft auf die Kugelrollen

α_t : Fasenwinkel

Abb. 4.11: Translatorischer Fehlerausgleich

Mit der Definition von F_ρ in Gleichung 4.2.7 und dem Hinweis auf die Herleitung von Gleichung (4.3.2) ergibt sich mit ρ_{lt} als dem Reibungswinkel zwischen Linse und Fassung die erforderliche Fügekraft F_f bei gegebenem Fasenwinkel α_t zu:

$$F_f > \frac{G_{fa}\, f/R_K}{\tan(\alpha_t - \rho_{lt}) - f/R_K} - G \qquad (4.3.3)$$

Dieser um den Sicherheitszuschlag erhöhte Betrag von F_f kann als zweiter Grenzwert in die Prozeßüberwachung des Systems einfließen.

Zur Verdeutlichung der formelmäßigen Zusammenhänge wird im folgenden ein konkretes Zahlenbeispiel aufgeführt.

Für

- ein Linsengewicht von 40 Gramm,
- das Gewicht für Fassung und Aufnahme von 1,2 kg,
- den Rollreibungswiderstand f/R_K von 0,12,
- den Reibungswinkel ρ_{lt} von 9,1°,
- und den Fasenwinkel der Fassung von 45°

ergibt sich die erforderliche Fügekraft zu 1,98 Newton.

4.3.2.2 Einpunktkontakt zwischen Linsenmantelfläche und Fassung

Durch den Einpunktkontakt zwischen Linsenmantelfläche und Fassung wird die Lackschicht auf der Linsenberandung einer Schabbelastung ausgesetzt. Ziel der nun folgenden Berechnungen ist daher die Ermittlung der erforderlichen Fügekraft zum Erreichen des Zweipunktkontaktes und der dabei wirkenden Normalkraft auf die Linsenmantelfläche.

Die erforderliche Fügekraft ergibt sich unter Bezug auf Abbildung 4.12 aus den Gleichgewichtsbedingungen an der Linse. Der Winkel α_f bezeichnet den Restwinkelfehler zwischen Linse und Fassung.

$$\sum F_x = 0: \quad F_{Kmx} = F_K \cos(\alpha_f + \rho_{1t}) = F_x \tag{1}$$

$$\sum F_z = 0: \quad F_{Kmz} = F_K \sin(\alpha_f + \rho_{1t}) = F_f + G \tag{2}$$

$$F_n = F_K \cos(\rho_{1t}) \tag{3}$$

Um die Haftreibungskraft F_ρ zu überwinden, muß F_x betragsmäßig größer als F_ρ sein (siehe Abb. 4.11).

$$F_x > F_\rho \tag{4}$$

$$F_\rho = f(F_f + G + G_{fa})/R_K \tag{5}$$

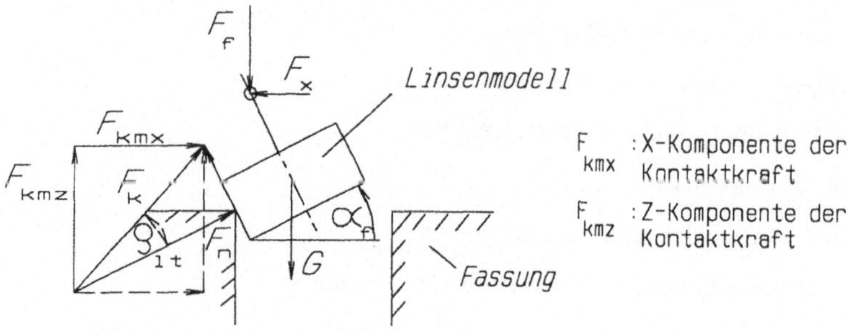

Abb. 4.12: Kontaktkraft auf der Linsenmantelfläche

Dividiert man (2) durch (1) und setzt F_x nach (4) und (5) in (1) ein so erhält man für F_f die folgende Abhängigkeit.

$$F_f > \frac{f \cdot \tan(\alpha_f + \varrho_{1t}) \cdot G_{fa}}{R_K (1 - f \tan(\alpha_f + \varrho_{1t}) / R_K)} - G \qquad (4.3.4)$$

Der Zusammenhang der Fügekraft F_f mit der Belastung auf die Linsenmantelfläche durch die Normalkraft F_n läßt sich aus den Gleichungen (2) und (3) herleiten. Ersetzt man in dieser Beziehung die Normalkraft F_n durch die zulässige Normalkraft F_{nzul} ergibt sich die maximal zulässige Fügekraft F_{fmax} (vgl. Abschnitt 3.7.5.6). Die zulässige Normalkraft F_{nzul} wird in Abschnitt 6.2.3 für mehrere Lacksorten ermittelt. Somit ergibt sich für F_{fmax} die Bestimmungsgleichung:

$$F_{fmax} = \frac{F_{Nzul}}{\cos \varrho_{1t}} \sin(\alpha_f + \varrho_{1t}) - G \qquad (4.3.5)$$

An die Prozeßüberwachung muß die Anforderung gestellt werden, die maximal zulässige Fügekraft F_{fmax} mit dem zugehörigen Grenzwert, der sich aus der Addition der in Gleichung 4.3.4 ermittelten erforderlichen Fügekraft und dem Sicherheitszuschlag ergibt, zu vergleichen. Ist der Betrag von F_{fmax} kleiner als der Betrag des Grenzwertes, kann die vorliegende Fügeaufgabe mit dem beschriebenen Montagesystem nicht bearbeitet werden.

Um die Größenordnung der benötigten Fügekraft zu verdeutlichen, wird im folgenden ein Zahlenbeispiel aufgeführt.

Für

- ein Linsengewicht von 40 Gramm,
- das Gewicht für Fassung und Aufnahme von 1,2 kg,
- den Rollreibungswiderstand f/R_k von 0,12,
- den Reibungswinkel ρ_{lt} von 9,1°,
- und den Restwinkelfehler $\alpha_f = 0{,}02°$

ergibt sich die erforderliche Fügekraft zu -0,16 Newton.

Das Handhabungsgerät muß bei der vorliegenden Aufgabenstellung lediglich die Gewichtskompensation und die Führung der Linse übernehmen, da das Eigengewicht der Linse bereits als Fügekraft ausreicht.

Die maximal zulässige Fügekraft F_{fmax} ergibt sich für $F_{nzul} = 25$ Newton zu 3,66 Newton. Somit ist für diese Fügeaufgabe ein beschädigungsfreier translatorischer Fehlerausgleich möglich.

4.3.3 Winkelfehlerausgleich zwischen Linse und Fassung

Der Prozeßüberwachung während des Zweipunktkontaktes zwischen Linse und Fassung kommt eine maßgebliche Bedeutung zu, da in dieser Phase des Fügeprozesses die höchste Störanfälligkeit zu erwarten ist. Zum einen muß eine Prozeßsicherheit gegen Verkanten und Verklemmen der Linse erzielt werden, zum anderen eine Beschädigung der Linsenlackschicht ausgeschlossen sein.

Das Fügekonzept sieht in dieser Prozeßphase den Ausgleich des rotatorischen Winkelfehlers durch Scherung der Linse am Greifer vor (vgl. Abschnitt 3.7.5.4). Über eine variable Unterdruckeinstellung wirkt das Kraftfeld der Greiffläche dabei als komplientes System mit einstellbarer rotatorischer Steifigkeit. Unter Berücksichtigung der beschriebenen Aspekte ergeben sich für die theoretische Analyse des Prozeßmodells folgende Ziele:

- Ermittlung der erforderlichen Fügekraft in Abhängigkeit des Greifervakuums, wobei Verklemmen und Verkanten der Linse auszuschließen ist,

- Ermittlung der maximalen Fügekraft in Abhängigkeit der zulässigen Schabbelastung auf die Linsenlackschicht.

Dazu ist es in einem ersten Schritt erforderlich, die theoretisch möglichen Kontaktsituationen darzustellen, unter Berücksichtigung der Fügestrategie zu systematisieren und den zur Bestimmung der Zielgrößen relevanten Bereich abzugrenzen.

4.3.3.1 Kontaktphasenabgrenzung

Die systematische Analyse der Kontaktsituationen ist in zahlreichen Arbeiten für das Bohrung-Bolzen-Problem durchgeführt worden (vgl. /4.6, 4.7, 4.8/). Da diese Fügeaufgabe bezüglich der Kontaktphasenabgrenzung mit dem zu untersuchenden Prozeß identisch ist, kann an dieser Stelle auf vorliegende Ergebnisse zurückgegriffen werden. In Abbildung 4.13 wird eine systematische Klassifizierung in Abhängigkeit der Berührpunkte bzw. -linien und der Fügetiefe dargestellt.

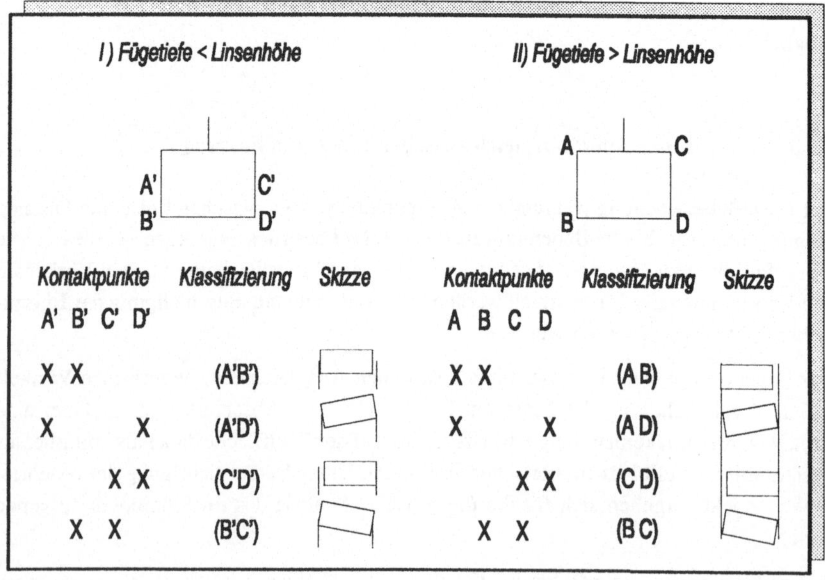

Abb. 4.13: Kontaktphasenschema

Die im Bereich I dargestellten Kontaktsituationen sind dadurch gekennzeichnet, daß die Fügetiefe der Linse in die Fassung kleiner als die Linsenhöhe ist. Daraus kann gefolgert werden, daß mindestens ein Berührpunkt auf der Linsenmantelfläche liegt. Die vier charakteristischen Kontaktpunkte sind für diesen Fall mit A' bis D' gekennzeichnet.

Im Bereich II hat die Fügetiefe die Linsenhöhe bereits überschritten. Das bedeutet, daß sich die Kontaktpunkte entweder auf den Eckpunkten des Linsenmodells befinden oder aber eine Linienberührung vorliegt. Die Berührpunkte werden im Bereich II mit A bis D bezeichnet.

Es lassen sich folgende Ergebnisse ableiten:

- Die Kontaktsituationen A'B' (AB) und A'D' (AD) sind mit C'D' (CD) und B'C' (BC) symmetrisch. Im folgenden werden die Betrachtungen auf die Situationen A'B' (AB) und A'D' (AD) beschränkt.
- Für den Ausgleich des Winkelfehlers zwischen Linse und Fassung ist die Situation A'D' maßgeblich.
- Ein Verklemmen bzw. Verkanten der Linse ist für A'D' und AD möglich.
- Die Beschädigung der Lackschicht ist für A'D' zu überprüfen, da die Belastung in dieser Kontaktsituation durch den Einpunktkontakt mit der Fassung sehr hoch ist. Bei Linienkontakt, der in den Situationen AB und A'B' vorliegt, kann die Beschädigungsgefahr als vernachlässigbar eingeschätzt werden.

Für die Kontaktsituationen A'D' und AD müssen daher die erforderlichen Fügekräfte und für A'D' zusätzlich die maximale Fügekraft in Abhängigkeit der zulässigen Schabbelastung hergeleitet werden.

4.3.3.2 Modell für den Winkelfehlerausgleich

In den Kontaktsituationen A'D' und AD zwischen Linse und Fassung werden in Abhängigkeit von der in die Linse eingeleiteten Fügekraft und -richtung Lagerreaktionen an den Berührpunkten A (bzw. A') und D (bzw. D') hervorgerufen. Eine quantitative Analyse dieser Vorgänge bietet /4.9/ an (vgl. /4.10, 4.11/). An dieser Stelle ist lediglich eine qualitative Beschreibung der Vorgänge erforderlich mit dem Ziel, das verwendete Berechnungsmodell zu begründen.

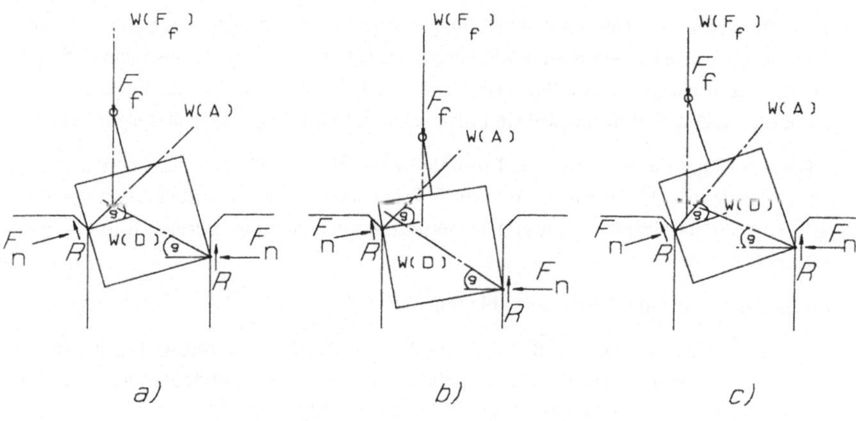

Abb. 4.14: Fügebewegungen beim 2-Punkt-Kontakt
a) gleichförmig b) beschleunigt c) 'Klemmen'

Um eine gleichförmige Fügebewegung erzielen zu können, müssen zum einen an beiden Berührpunkten die Gleitbedingungen erfüllt sein, und zum anderen die eingeleitete äußere Kraft mit den Reaktionskräften einen Gleichgewichtszustand bilden. In Abbildung 4.14 a) sind die Kraftverhältnisse für eine gleichförmige Fügebewegung dargestellt. Die Gleitbedingungen sind dadurch erfüllt, daß die Wirkungslinien W(A) und W(D) der Reaktionskräfte in den Berührpunkten A und D deckungsgleich mit den oberen Schenkeln des Reibungskegelsegments (Reibwinkel ρ) angetragen sind. Die Wirkungslinie W(F_f) der Fügekraft bildet mit W(A) und W(D) einen gemeinsamen Schnittpunkt, so daß ein Kräftegleichgewicht erzielt werden kann.

Liegt die Wirkungslinie W(F_f) der eingeleiteten Fügekraft rechts von dem durch W(A) und W(D) erzeugten Schnittpunkt ist kein Kräftegleichgewicht erzielbar. Da F_f jedoch ein dem Winkelfehler entgegenwirkendes Moment um A (bzw. A') erzeugt, wird die Berührung in Punkt D (bzw. D') durch Drehung um A (bzw. A') aufgehoben und die Linse gleitet beschleunigt in die Fassung. Diesen Fall gibt Abbildung 4.14 b) wieder.

Liegt die Wirkungslinie der eingeleiteten Kraft links von dem durch W(A) und W(D) erzeugten Schnittpunkt ist ein Kräftegleichgewicht nur dann erzielbar, wenn die Wirkungslinie W(D) der Reaktionskraft in D (bzw. D') im Reibungskegel liegt. In diesem Fall herrscht im Berührpunkt D (bzw. D') keine Gleitbedingung. Dadurch bewirkt F_f ein Moment um D (bzw. D'), das aus den geometrischen Gegebenheiten nicht in eine

Bewegung umgesetzt werden kann. Dieser Effekt wird in der Literatur als 'Jamming' ('Klemmen') bezeichnet (vgl. /4.9/). Ein Fügen ist nur durch die Korrektur der Fügekraftrichtung möglich. Diese Fügesituation wird in Abbildung 4.14 c) gezeigt.

Die gleichförmige Bewegung charakterisiert den idealisierten und angestrebten Fügeverlauf und wird daher im folgenden quantitativ untersucht.

4.3.3.3 Ermittlung der erforderlichen und maximal zulässigen Fügekraft

Die Berechnung der erforderlichen und maximal zulässigen Fügekraft erfolgt unter Zuhilfenahme des Kräfte- und Momentengleichgewichts an der Linse. Die geometrischen Zusammenhänge dazu werden in Abbildung 4.15 dargestellt.

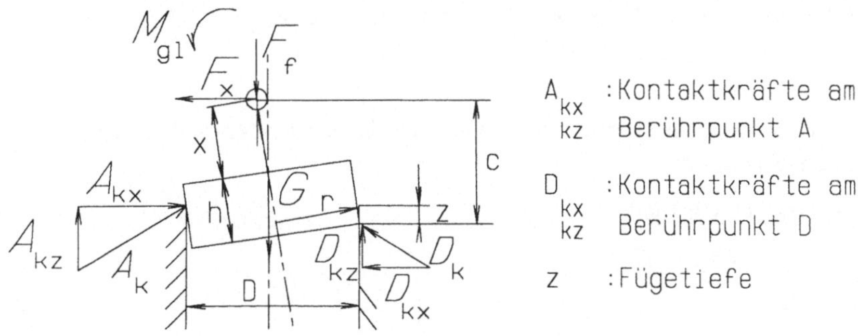

Abb. 4.15: Kräfteverhältnisse beim Winkelfehlerausgleich

Folgende Beziehungen können abgeleitet werden:

$\Sigma F_x = 0$: $A_{kx} - D_{kx} - F_x = 0$ (1)

$\Sigma F_z = 0$: $F_f + G - A_{kz} - D_{kz} = 0$ (2)

$\Sigma M_D = 0$: $M_{gl} + F_x \cdot c - A_{kx} \cdot z - A_{kz} \cdot D + (G + F_f) \cdot r = 0$ (3)

Der Hebelarm c der Kraft F_x um D wird mittels Kleinwinkelnäherung zu $c = x + h$ angenommen. Mit derselben Begründung werden die Wirkungslinien von F_f und G gleichgesetzt.

In Abbildung 4.16 sind die geometrischen Beziehungen zur Beschreibung der Kontaktkräfte dargestellt.

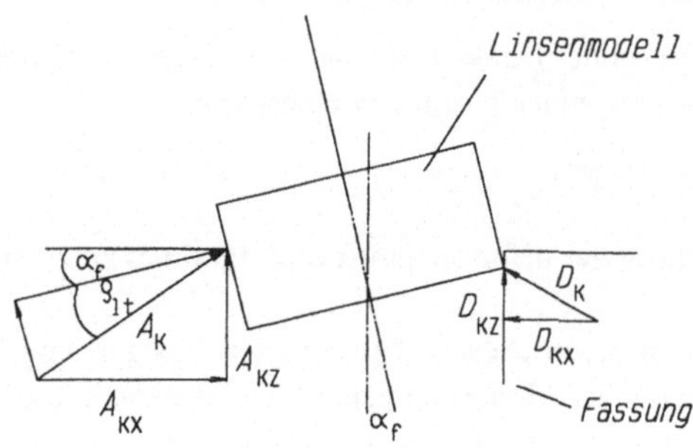

Abb. 4.16: Geom. Beziehungen zur Kontaktkraftbestimmung

Die Gleitbedingungen in den Punkten A und D liefern mit μ_l als dem Reibwert zwischen Fassung und Linse:

$$A_{kx} = A_k \cdot \cos(\alpha_f + \rho_{lt}) \tag{4}$$

$$A_{kz} = A_k \cdot \sin(\alpha_f + \rho_{lt}) \tag{5}$$

$$D_{kz} = D_{kx}\, \mu_l \tag{6}$$

Aus der Lagerungsart der Fassungsaufnahme ergibt sich (vgl. Abschnitt 4.4.2):

$$F_x = f \cdot (F_f + G + G_{fa}) / R_k \tag{7}$$

Dieses Gleichungssystem ist zur Ermittlung von F_f als Funktion des eingeleiteten Momentes und der momentanen Fügetiefe hinreichend. Zur Erleichterung der Herleitung wird zusätzlich die Momentenbeziehung um A aufgestellt:

$$\Sigma M_A = 0: \quad M_{gl} + F_x \cdot (c - z) + D_{kx} \cdot (\mu_l D - z) - (F_f + G) \cdot r = 0 \tag{8}$$

Durch die Elimination von A_{kx} und A_{kz} aus (3) durch Einsetzen von (4) und (5) erhält man eine Beziehung für A_k.

$$A_K = \frac{M_{gl} + F_x c + (G + F_f) \cdot r}{\sin(\alpha_f + \rho_{1t}) D + \cos(\alpha_f + \rho_{1t}) \cdot z} \tag{4.3.6}$$

Damit ist es möglich D_{kz} und D_{kx} zu berechnen. D_{kx} läßt sich zusätzlich über Gleichung (8) ausdrücken. Das Gleichsetzen der Terme für D_{kx} führt schließlich zu der folgenden Beziehung.

$$
\begin{aligned}
&(F_f + G)\left(\frac{r}{\mu_1 D - z} + \frac{r}{(D + z\cot(\alpha_f + \varrho_{1t}))\mu_1} - \frac{1}{\mu_1}\right) \\
&+ M_{gl}\left(\frac{-1}{\mu_1 D - z} + \frac{1}{(D + z\cot(\alpha_f + \varrho_{1t}))\mu_1}\right) \\
&+ F_x\left(\frac{-(c-z)}{\mu_1 D - z} + \frac{c}{(D + z\cot(\alpha_f + \varrho_{1t}))\mu_1}\right) = 0
\end{aligned}
\tag{4.3.7}
$$

Ersetzt man F_x durch die Funktion in Gleichung (7), ergibt sich nach einigen elementaren Umformungen die gesuchte Abhängigkeit zwischen F_f, M_{gl} und z.

$$
\begin{aligned}
F_f = {} & \frac{M_{gl} \tan(\alpha_f + \varrho_{1t}) + \mu_1}{\mu_1(f(z-c)/R_k - r) + z + (\mu_1 fD/R_k + r - fc/R_k)\tan(\alpha_f + \varrho_{1t})} \\
& + \frac{G_{fa}\, f(\mu_1(c-z)/R_k + \tan(\alpha_f + \varrho_{1t})(c - \mu_1 D))}{\mu_1(f(z-c)/R_k - r) + z + (\mu_1 fD/R_k + r - fc/R_k)\tan(\alpha_f + \varrho_{1t})} - G
\end{aligned}
\tag{4.3.8}
$$

Komprimiert läßt sich diese Gleichung als

$$F_f = M_{gl}\, s(z) + G_{fa}\, t(z) \tag{4.3.9}$$

darstellen. Ein Anteil der Fügekraft wird danach durch das Gewicht der Fassungsaufnahme, ein zweiter durch das eingeleitete Moment bestimmt.

Die maximal zulässige Fügekraft F_{fmax} in Abhängigkeit der zulässigen Normalkraft auf die Linsenmantelfläche läßt sich mit den Betrachtungen zu F_{nzul} in Abschnitt 6.2.3 aus Beziehung (4.3.6) herleiten.

$$F_{fmax} = \frac{F_{Nzul} \cdot R_K \cdot (D\sin(\alpha_f + \varrho_{1t}) + z\cos(\alpha_f + \varrho_{1t}))}{\cos\varrho_{1t} (rR_K + fc)} + \frac{M_{gl} R_K}{rR_K + fc} - \frac{G_{fe} \cdot fc - G(rR_K + fc)}{rR_K + fc} \tag{4.3.10}$$

Komprimiert läßt sich diese Gleichung als

$$F_{fmax} = F_{nzul} \cdot C_1 + M_{gl} \cdot C_2 - C_3 \tag{4.3.11}$$

darstellen.

Durch die Addition des Sicherheitszuschlags zu der in Gleichung 4.3.9 beschriebenen erforderlichen Fügekraft F_f erhält man den dritten Grenzwert. Ist dessen Betrag kleiner als der Betrag von F_{fmax}, kann er in die Prozeßüberwachung einfließen (vgl. Abschnitt 4.3.2.2).

4.3.3.4 Fügen der Linse bis zur Anlage

Die in Abschnitt 4.3.3.1 beschriebene Kontaktphase AD ist dadurch charakterisiert, daß die momentane Fügetiefe z größer als die Linsenhöhe h ist. Für diesen Fall ist die erforderliche Fügekraft herzuleiten. Die Bestimmungsgleichungen (1) und (2), sowie (4) bis (7) können von den Kräftebetrachtungen für den Winkelfehlerausgleich übernommen werden. Als Momentenbeziehung ergibt sich mit dem Mittelpunkt des Linsengrundzylinders als Bezugspunkt und Kleinwinkelnäherung folgender Zusammenhang.

$$\Sigma M = 0: \quad M_{gl} + F_x \cdot c - D_{kx} \cdot h/2 - A_{kx} \cdot h/2 + D_{kz} \cdot D/2 - A_{kz} \cdot D/2 = 0 \tag{9}$$

Nach einigen elementaren Umformungen läßt sich aus diesem Gleichungssystem eine Beziehung für F_f herleiten.

$$F_f = M_{gl} \frac{2\mu_1}{h + 2\mu_1 f(r\mu_1 - c)/R_K} + \frac{G_{fe}\, 2(c - r\mu_1)\mu_1 f/R_K}{h + 2\mu_1 f(r\mu_1 - c)/R_K} - G \tag{4.3.12}$$

Komprimiert läßt sich Gleichung 4.3.12 als

$$F_f = M_{gl} \cdot C_4 + C_5 \tag{4.3.13}$$

darstellen. F_f steht als vierter Wert für die Prozeßüberwachung zur Verfügung.

Sowohl die Betrachtungen in Abschnitt 4.3.3.3 für die Kraftverhältnisse beim Winkelfehlerausgleich, als auch für das Fügen der Linse bis zur Anlage in der Fassung führten zu funktionalen Zusammenhängen der erforderlichen Fügekraft von dem zwischen Linse und Greifer übertragenen Moment M_{gl}. Da an dieser Systemschnittstelle der rotatorische Fehlerausgleich mit unterdruckabhängiger Steifigkeit erfolgen soll, ist es erforderlich, die in den Koppelbedingungen bereits angesprochene Beziehung zwischen M_{gl} und dem Greiferunterdruck u herzuleiten.

4.3.3.5 Scherung der Linse am Greifer

Die Scherung der Linse am Greifer kann kinematisch als eine Drehung des Berührkreises zwischen Linse und Greifer entlang einer Kugeloberfläche mit dem Krümmungsradius R der Linse beschrieben werden. Eine Relativbewegung findet statt, wenn das Reibmoment durch die Reibkräfte tangential zur Bewegungsrichtung das Moment, das durch F_x und F_z eingeleitet wird, nicht mehr kompensieren kann. In Abbildung 4.17 sind die geometrischen Verhältnisse für die Relativbewegung zwischen Linse und Greifer dargestellt. Das Reibmoment M_R, das die Linse ohne Scherung aufnehmen kann, ergibt sich damit zu:

$$M_R = \int_0^{2\pi g} H(\gamma)\,\mu_{gl}\,n(\gamma)\,dL = \int_0^{2\pi} H(\gamma)\,\mu_{gl}\,n(\gamma)\,g\,d\gamma \tag{4.3.14}$$

mit:

$H(\gamma)$ als Hebelarm des Linienelementes dL,

μ_{gl} als Reibwert zwischen Linse und Greifer,

$n(\gamma)$ als Streckenlast und

g als Greiferradius.

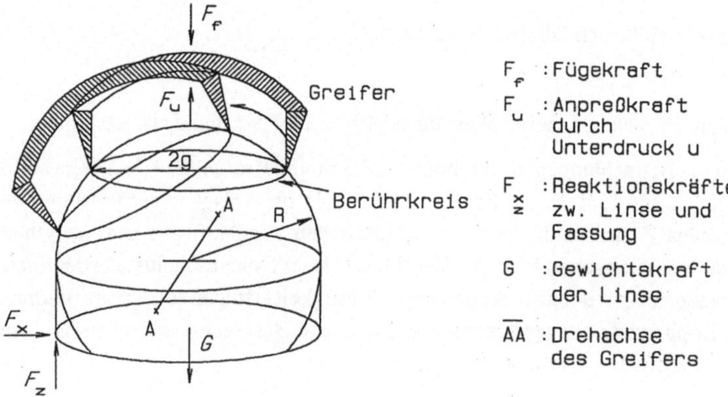

Abb. 4.17: Relativbewegung zwischen Linse und Greifer

Der Hebelarm H(γ) des Linienelementes dL läßt sich nach Abbildung 4.18 ermitteln.

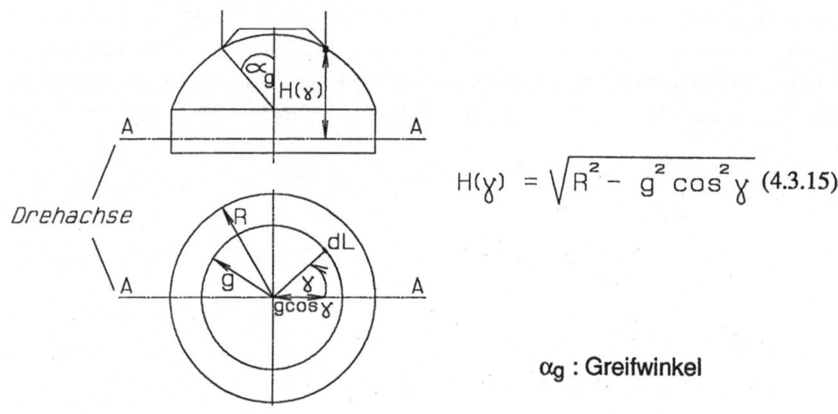

$$H(\gamma) = \sqrt{R^2 - g^2 \cos^2 \gamma} \quad (4.3.15)$$

Abb. 4.18: Hebelarm eines Linienelementes

Symmetriebetrachtungen für H(γ) führen zu den Beziehungen:

$$H(\gamma) = H(-\gamma) \quad \text{und} \quad H(\pi/2 + \gamma) = H(\pi/2 - \gamma) \tag{4.3.16}$$

Die Streckenlast $n(\gamma)$ setzt sich aus zwei Komponenten zusammen.

$$n(\gamma) = n_0 + s(\gamma) \tag{4.3.17}$$

Den Anteil n_0 bewirken die Kräfte, deren Wirkungslinien durch den Mittelpunkt der Kugel verlaufen bzw. unter Berücksichtigung eines Versetzungsmomentes dorthin verschoben werden können. Diese sind F_f, F_z, F_u und die Gewichtskraft G. Für n_0 ergibt sich mit dem Greifwinkel α_g der Zusammenhang (siehe Abb. 4.18):

$$n_o = \frac{F_f + F_u}{2\pi g \cdot \cos(\alpha_g)} \quad \text{mit } F_u = g^2 \cdot \pi \cdot u \tag{4.3.18}$$

Der Anteil $s(\gamma)$, der zu einer Verformung des Greifers und damit zu einer Beeinflussung der Normal- und Tangentialkräfte führt, kann durch den Einsatz von FEM-Programmen sehr genau angenähert werden. Da beim zu betrachtenden Einsatzfall jedoch nur geringfügige Deformationen zu erwarten sind, wird folgende Annahme getroffen, die eine hinreichend genaue analytische Lösung ermöglicht.

- Veränderungen der Kraftsituationen am Element $dL(\gamma)$ werden durch die Veränderung der Kraftsituation am gegenüberliegenden Element $dL(-\gamma)$ ausgeglichen was mathematisch als

  $$s(\gamma) = -s(-\gamma) \tag{4.3.19}$$

  beschrieben werden kann.

Die symmetrische Lage der Drehachse zur Wirkungslinie von F_x führt zu folgender Gleichung:

$$s(\pi/2 + \gamma) = s(\pi/2 - \gamma) \tag{4.3.20}$$

Unter den beschriebenen Voraussetzungen läßt sich M_R ermitteln.

$$M_R = \mu_{g1} g n_o \int_{\emptyset}^{2\pi} H(\gamma) d\gamma + \mu_{g1} g n_o \int_{\emptyset}^{2\pi} H(\gamma)\ s(\gamma) d\gamma \qquad (4.3.21)$$

Mit (4.3.16), (4.3.19) und (4.3.20) folgt:

$$M_R = 4 \mu_{g1} g n_o \int_{\emptyset}^{\pi/2} H(\gamma) d\gamma$$

$$= 4 \mu_{g1} g n_o \int_{\emptyset}^{\pi/2} \sqrt{R^2 - g^2 \cos^2(\gamma)}\ d\gamma \qquad (4.3.22)$$

Mit der Abkürzung $k = g/R$ und der Substitution $t = \gamma + \pi / 2$ ergibt sich:

$$M_R = 4 \mu_{g1} g n_o R \int_{\emptyset}^{\pi/2} \sqrt{1 - k^2 \sin^2(t)}\ dt \qquad (4.3.23)$$

Die abgeleitete Beziehung führt auf ein elliptisches Integral zweiter Ordnung in der Legrendschen Normalform, das keine geschlossene Lösung besitzt. In /4.12/ wird es tabelliert aufgeführt.

Mit (4.3.18) erhält man schließlich für M_R die Beziehung (4.3.24),

$$M_R = \frac{2 \mu_{g1} R}{\pi \cos \alpha_g} (F_f + g^2 \pi u)\ E(k, \pi/2) \qquad (4.3.24)$$

die sich komprimiert als

$$M_R = F_f v + w \qquad (4.3.25)$$

darstellen läßt.

Das zwischen Greifer und Linse übertragbare Moment ist demnach von der auftretenden Fügekraft F_f abhängig und von der eingeleiteten Kraft F_x unabhängig.

Mit Gleichung 4.3.25 ist es möglich, die erforderlichen Fügekräfte für den Winkelfehlerausgleich (4.3.8) und das Fügen der Linse bis zur Anlage (4.3.9) als Funktion des Greifervakuums u und der Fügetiefe z auszudrücken. Schätzt man das unbekannte Moment M_{gl} nach oben durch M_R ab, so ergibt sich:

$$F_f < (F_f\, v + w)\, s(z) + t(z)$$

$$\Leftrightarrow F_f < (w\, s(z) + t(z)) / (1 - v\, s(z)) \qquad (4.3.26)$$

bzw.

$$F_f < (w\, C_4 + C_5) / (1 - v\, s) \qquad (4.3.27)$$

In analoger Vorgehensweise kann die maximal zulässige Fügekraft zur Vermeidung von Lackschäden in eine Beziehung zum Greifervakuum u und der Fügetiefe z gestellt werden. Aus Gleichung 4.3.11 folgt dann:

$$F_{fmax} < (F_{nzul}\, C_1 + wC_2 - C_2) / (1 - vC_2) \qquad (4.3.28)$$

Auf die Darstellung eines Zahlenbeispiels wird an dieser Stelle auf Grund der Vielzahl der in die Berechnung einfließenden Parameter verzichtet. Statt dessen sei auf Abschnitt 6.2.4 verwiesen, in dem die Ein- und Ausgabemasken eines Berechnungsprogrammes dargestellt werden. Diese beinhalten unter anderem auch die erforderlichen und zulässigen Fügekräfte nach Gleichung 4.3.26 bis 4.3.28 für eine repräsentative Fügeaufgabe.

4.4 Zusammenfassung der theoretischen Betrachtungen

Im Rahmen der durchgeführten theoretischen Betrachtungen wurde das in Abschnitt 3.3 entwickelte Prozeßmodell analytisch beschrieben. Es konnte der Nachweis erbracht werden, daß die in Kapitel 3 beschriebene Fügekraftmessung den Anforderungen an eine geeignete Prozeßüberwachung genügt. Dazu wurden im einzelnen die folgenden Kräfte ermittelt:

- erforderliche Fügekraft für das Zentrieren der Linse,
- erforderliche Fügekraft für den translatorischen Fehlerausgleich,
- erforderliche Fügekraft für den Winkelfehlerausgleich und
- erforderliche Kraft für das Fügen der Linse bis zur Anlage.

Die Linsenlackschicht ist basierend auf den Ergebnissen einer durchgeführten Kontaktphasenabgrenzung beim translatorischen und beim Winkelfehlerausgleich für Beschädigungen anfällig. Daher wurden für diese Fügephasen die maximal zulässigen Fügekräfte ermittelt, die eine beschädigungsfreie Prozeßrealisierung zulassen. Im Rahmen der Prozeßüberwachung müssen in einem Plausibilitätstest diese Fügekräfte betragsmäßig mit den entsprechenden Grenzwerten verglichen werden, um zu entscheiden, ob eine fehlerfreie Montage für die vorgegebene Aufgabenstellung möglich ist.

Zusätzlich wurde der Einfluß der rotatorischen Nachgiebigkeit auf die erforderlichen Fügekräfte bestimmt. Die Ergebnisse dieser Analyse belegen, daß über eine Variation des Unterdruckkraftfeldes zwischen Linse und Greifer eine Anpassung an die geometrischen Randbedingungen der Fügeaufgabe durchgeführt werden kann.

5. Experimentelle Analyse der Kraftverhältnisse

5.1 Vorbemerkungen

Die experimentellen Untersuchungen zur flexibel automatisierten Montage optischer Linsen verfolgen die Zielsetzung, die in den einzelnen Prozeßphasen auftretenden Kräfte zu messen und zu analysieren. Da das entwickelte Montagesystem ein kraftminimiertes Fügen anstrebt, müssen zusätzlich die die Fügekraft beeinflussenden Prozeßparameter ermittelt und optimiert werden. Als letzte Aufgabenstellung werden die Auswirkungen der in Kapitel 3 diskutierten fügeunterstützenden Maßnahmen untersucht. Insbesondere ist dabei der Einfluß überlagerter Schwingungen während des Fügevorgangs zu betrachten.

In Abbildung 5.1 ist eine Übersicht des Versuchsprogrammes dargestellt.

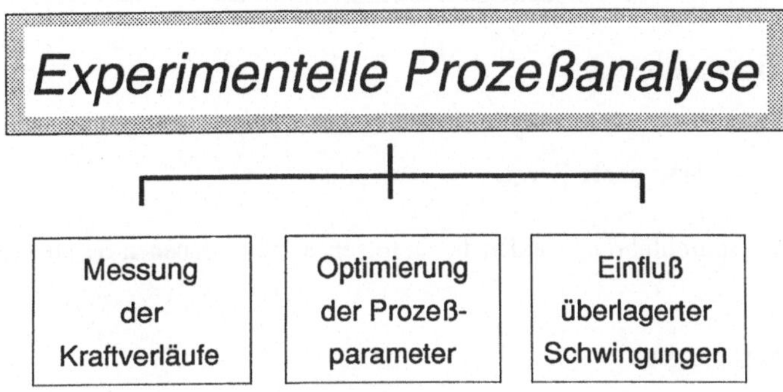

Abb 5.1: Versuchsprogramm für die experimentelle Analyse

5.2 Messung der Kraftverläufe

5.2.1 Versuchsaufbau

Die Messung der Kraftverläufe wird an einem Versuchsaufbau durchgeführt, der in Abbildung 5.2 dargestellt ist. Er besteht im wesentlichen aus einem Handhabungsgerät und den in Kapitel 3 beschriebenen Peripheriekomponenten Greifer, Zentrier- und Montageplatz sowie einer Meßvorrichtung zur Erfassung der auftretenden Fügekräfte.

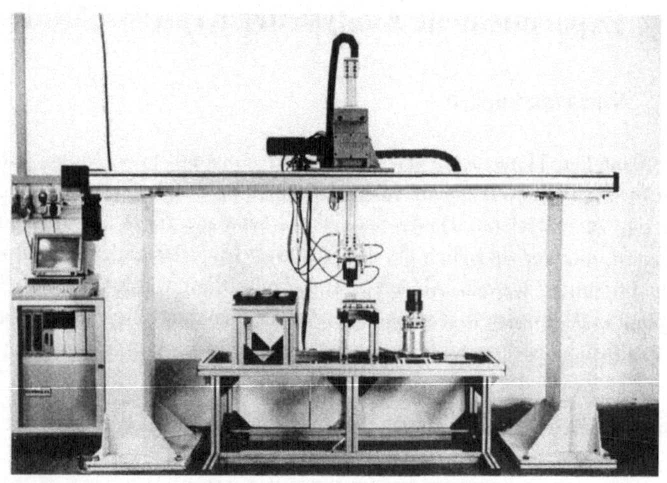

Abb. 5.2: Versuchsaufbau

5.2.2 Verwendete Geräte

Zur Versuchsdurchführung werden die im folgenden beschriebenen Geräte verwendet.

- Handhabungsgerät

Als Handhabungsgerät wird ein Linienportal der Firma Hauser eingesetzt. Dieses System zeichnet sich durch eine große Steifigkeit der Fügeachse und eine hohe Wiederholgenauigkeit aus. Zur Kommunikation mit der Steuerung steht die höhere Programmiersprache HPC-Basic zur Verfügung, die neben den üblichen Basic-Anweisungen um eine Vielzahl prozeßorientierter Funktionen erweitert wurde. Die Programmierung erfolgt mittels Terminal oder Terminalemulation über die serielle Schnittstelle bzw. mit einem Handbediengerät.

- Kraftaufnehmer

Da der Kraftaufnehmer aus Gründen der Meßgenauigkeit nahe an der Fügestelle in den Effektor integriert wird, sind eine kompakte Bauform und ein geringes Gewicht wünschenswert. Diesen Anforderungen wird der Miniatur-Zug-Druck-Kraftaufnehmer MKD/DZ der Firma RMP gerecht.

Das Gerät hat einen Meßbereich von 0 bis 200 N bei einer maximalen Meßfehlersumme kleiner 1 % und arbeitet auf DMS-Basis. Die Empfindlichkeit des Sensors gegenüber Querkräften (diese dürfen maximal 20 % des Meßbereichgrenzwertes betragen) muß beim Einbau berücksichtigt werden. Im vorliegenden Anwendungsfall wird der Kraftaufnehmer lediglich auf Zug- bzw. Druck belastet, da eine Linearlagerung Querkräfte und Momente aufnimmt (siehe Abschnitt 3.7.5.6).

- Meßverstärker

Zur Meßwertverstärkung steht ein Trägerfrequenz-Verstärker der Firma Hottinger Baldwin Meßtechnik zur Verfügung. Das Gerät arbeitet mit einer Trägerfrequenz von 5000 Hz und erzeugt einen maximalen Meßfehler kleiner 1,5 %, wobei Netzspannungsschwankungen von 10 % bereits eingeschlossen sind. Zum Anschluß externer Registriergeräte sind der Strom- und Spannungsausgang auf eine Ausgangsbuchse geführt.

- Meß-PC mit integrierter Multifunktionskarte

Die durch den Meßverstärker aufbereitete Meßspannung wird mit der Multifunktionskarte ME-30 der Firma Meilhaus Electronic weiterverarbeitet. Über einen integrierten 12-Bit A/D Konverter erfolgt die Umwandlung in einen Binärwert, der unter Zuhilfenahme einer Meßsoftware auf PC-Ebene weiterverarbeitet wird.

Zur Kommunikation des Meß-PCs mit der Steuerung des Handhabungsgerätes bietet die Multifunktionskarte einen Dialog auf Ein-/Ausgangsebene an.

- Unterdruckmessung

Da die Größe des Unterdruckkraftfeldes zwischen Greifer und Linse für die Kraftverläufe beim Winkelfehlerausgleich von maßgeblicher Bedeutung ist, wird mittels eines Vakuummeters der durch eine Venturidüse erzeugte Unterdruck gemessen.

5.2.3 Eingesetzte Versuchswerkstücke

Zur Versuchsdurchführung stehen zwei konvexkonkave Linsentypen mit den zugehörigen Fassungen zur Verfügung. Mit diesen Versuchswerkstücken werden folgende Geometrie- und Prozeßparameter variiert bzw. festgelegt:

- der Linsendurchmesser d, die Linsenhöhe h und der Krümmungsradius R_k,
- das Passungsspiel zwischen Linse und Fassung in einem Bereich von 11 µm bis 2 µm und
- der Reibwert μ_l zwischen Linse und Fassung.

In den Fällen, in denen eine Untersuchung der Linsenlackschicht vorgenommen wird, erfolgt die Lackierung mit einem Lack, der sich in den im Abschnitt 6.2.1 und 6.2.3 beschriebenen Untersuchungen hinsichtlich funktionaler und montagetechnischer Gesichtspunkte als geeignet herausgestellt hat.

In Abbildung 5.3 sind die für die Versuchsdurchführung verwendeten Linsentypen dargestellt.

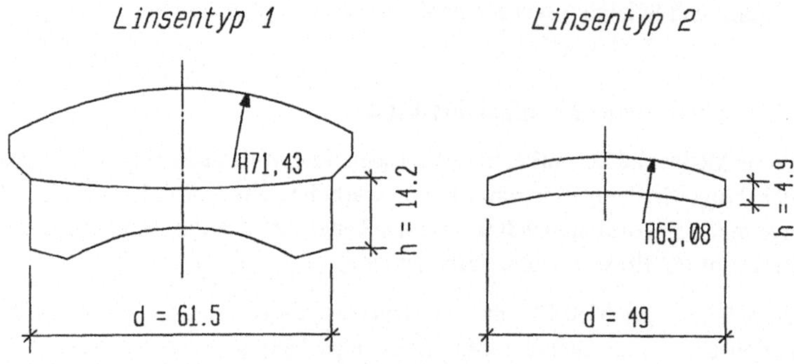

Abb. 5.3: Zur Versuchsdurchführung verwendete Linsentypen

5.2.4 Versuchsdurchführung

Der Winkelfehler zwischen der Linsenmittelachse und der Mittelachse der Fassung hat auf Grund der im Kapitel 4 durchgeführten theoretischen Betrachtungen der Kraftverläufe einen wesentlichen Einfluß auf die erforderliche Fügekraft.

Bevor die Versuchsreihen durchgeführt werden können, ist es daher erforderlich, eine Justierung der maßgeblichen Systemkomponenten vorzunehmen.

5.2.4.1 Justierung der Systemkomponenten

Im Abschnitt 3.7.5 wurde für das Montagesystem die Methodik des Positionierfehlerausgleichs angesprochen. Diese sieht vor, in einer ersten Stufe eine Fehlerreduzierung durchzuführen, indem die Systemkomponenten Zentrierplatz und Montagevorrichtung zur Fügeachse ausgerichtet werden. In Abbildung 5.4 ist das dazu eingesetzte Verfahren dargestellt.

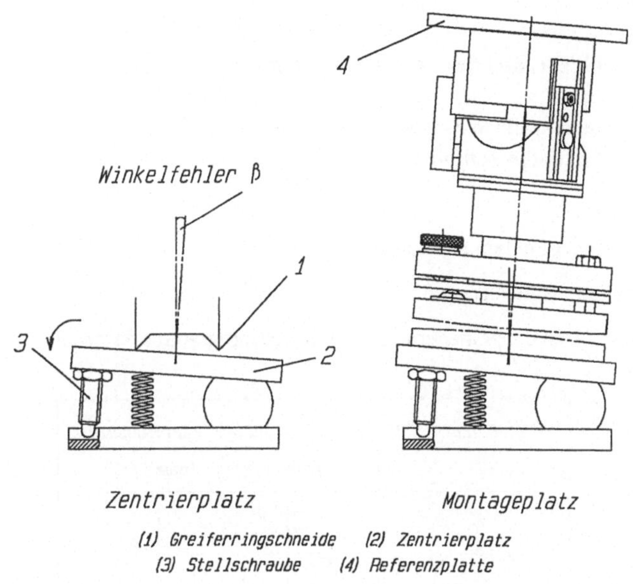

Abb. 5.4: Justierverfahren

Das Handhabungsgerät wird im Teach-In-Betrieb so positioniert, daß die Ringschneide des Greifers (1) mit dem Zentrierplatz (2) in Berührung kommt.

Dabei führt der Winkelfehler β zwischen der Fügeachse und der Normalen auf den Zentrierplatz zum 1-Punkt-Kontakt der Greiferringschneide mit der Zentrierplatzoberfläche. Der entstehende Luftspalt kann mit einer Fühlerlehre am Ringschneideumfang ermittelt werden. Zur Fehlerkorrektur wird der Greifer vom Zentrierplatz zurückgefahren und die Winkellage der Zentrierebene über die Stellschrauben (3) korrigiert. Dieser Prozeß wird wiederholt, bis der Winkelfehler vollständig eliminiert ist.

Mit demselben Verfahren wird anschließend die Winkellage zwischen der Ringschneide und der im Montageplatz eingespannten Fassung eingestellt. Dazu ist auf die Fassung als Berührebene für die Ringschneide eine Referenzplatte (4) aufgelegt, die geringe Formtoleranzen bezüglich ihrer Ebenheit aufweist.

Nach Durchführung dieser Justiertätigkeiten sind der Winkelfehler β und damit auch der in Abschnitt 4.3.2.2 definierte Winkelfehler α_f zwischen Linsenmittelachse und Mittelachse der Fassung nahezu vollständig ausgeglichen.

5.2.4.2 Gliederung des Versuchsprogramms

Die Messung der einzelnen Kraftverläufe erfolgt aus Gründen einer besseren Übersichtlichkeit getrennt für die Teilfunktionen

- Zentrieren,
- translatorischer Fehlerausgleich und
- Winkelfehlerausgleich.

In Abbildung 5.5 ist eine Gliederung des Versuchsprogramms dargestellt.

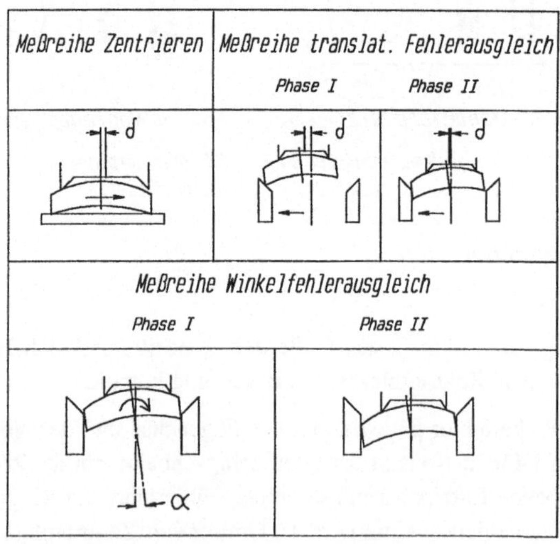

Abb. 5.5: Gliederung des Versuchsprogramms

Zur Ermittlung der erforderlichen Fügekraft für das Zentrieren wird die Linse auf dem Zentrierplatz unter Variation des Positionierfehlers δ durch den Einpunktkontakt zwischen Greifer und Linse ausgerichtet.

Die Meßreihe für den translatorischen Fehlerausgleich ist in zwei Phasen unterteilt. In Phase I erfolgt der Ausgleich durch den Einpunktkontakt zwischen Linse und Fassungsfase. Der Positionierfehler δ ist für diesen Fall durch eine Verschiebung der Fassung im Bereich der translatorischen Ausgleichsmöglichkeiten des Montageplatzes definiert (vgl. Abschnitt 3.7.5.3). Für Phase II folgt δ aus dem Winkelfehler zwischen Greifer und Linse, der zum Einpunktkontakt zwischen Linsenmantelfläche und Fassung führt.

In der Meßreihe für den Winkelfehlerausgleich wird die erforderliche und maximal zulässige Fügekraft für die Kompensation des Winkelfehlers α ermittelt. Auf Grund der geometrischen Abmessungen der Versuchswerkstücke kann nur die Phase I analysiert werden, da der Fügevorgang vor Erreichen der Phase II bereits abgeschlossen ist.

5.2.4.3 Versuchsablauf

Der Meßvorgang wird durch die Steuerung des Handhabungsgerätes eingeleitet, indem beim Erreichen der im Bewegungsprogramm hinterlegten Startposition für die Messung ein Ausgang gesetzt wird. Diesen wertet die Meßsoftware über einen Triggereingang aus und beginnt mit dem Meßzyklus.

Das Ende der Messung ist durch die Länge des Meßintervalls bestimmt. Diese wird durch eine geeignete Kombination aus Abtastrate und Meßwertanzahl festgelegt und an die Bearbeitungsdauer des Bewegungsprogramms für die betrachtete Teilfunktion angepaßt.

Um das Bewegungsprogramm beim Auftreten von Prozeßstörungen unterbrechen zu können, besteht die Möglichkeit, über einen Taster einen Interrupteingang des Handhabungsgerätes zu setzen. Dieser wird permanent abgefragt und führt zum sofortigen Abbruch des Bewegungsprogramms, wenn er gesetzt ist.

Die aufgenommenen Meßwerte mit der Dimension Volt werden in einem Koordinatensystem über der Zeit am Bildschirm angezeigt und können als Datensatz abgespeichert oder über eine Druckerschnittstelle ausgegeben werden.

In Abbildung 5.6 ist die Verknüpfung der an der Messung beteiligten Systemkomponenten dargestellt.

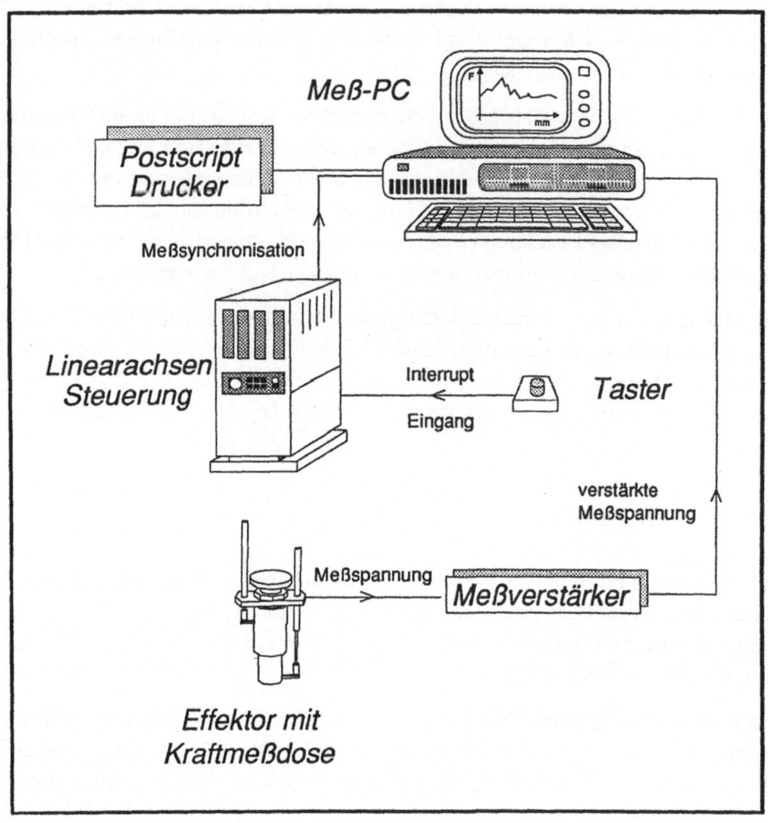

Abb 5.6: Meßtechnische Verknüpfung der Systemkomponenten

5.2.5 Darstellung und Diskussion der Meßergebnisse

Die Meßergebnisse werden in karthesischen Koordinatensystemen dargestellt, wobei an der Ordinate die gemessene Fügekraft in Newton angetragen wird. Der funktionale Zusammenhang zwischen der verstärkten Meßspannung in Volt und der Kraft in Newton wurde durch eine Kalibrierung der Anordnung ermittelt.

Die Abszisse gibt entweder die Meßzeit, die auf Grund der Abtastintervalle und Meßwertanzahl bekannt ist, oder den Weg wieder. Der Weg wird dabei wie im folgenden beschrieben auf die Fügetiefe z skaliert, um eine Beziehung zwischen Fügekraft und -tiefe herstellen zu können (siehe Abb. 5.7).

- Durch Auslesen der Systemzeiten an zuvor festgelegten Bahnpositionen im Bewegungsprogramm der Linearachsensteuerung, kann die Bahngeschwindigkeit abgeleitet werden. Damit wird der Verfahrweg des Handhabungsgerätes während der Meßzeit errechnet. Diese Weginformation muß in eine Beziehung zur Fügetiefe gebracht werden.
- Das Ende der Fügebewegung ist in den Meß-Diagrammen durch einen Fügekraftanstieg klar erkennbar. In dieser Position ist die Fügetiefe z gleich der Fassungshöhe H, die aus den Geometriedaten der Fassung bekannt ist. Somit ist die gesuchte Abhängigkeit bestimmt. Die Wegachse kann bezogen auf die Position des Fügekraftanstiegs, an der der Weg gleich H ist, skaliert werden.

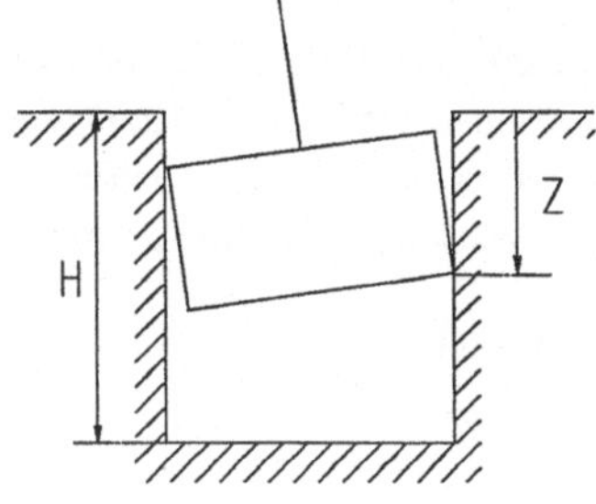

Abb. 5.7: Fügetiefe

Für die Teilfunktionen, bei denen keine Zuordnung zwischen der Fügekraft und der Wirkstelle der Reaktionskraft auf die Linse erforderlich ist, wird der funktionale Zusammenhang zwischen der Fügekraft und der Zeit dargestellt. Diese sind zum einen das Zentrieren, bei dem die Linse keine Bewegung in Fügekraftrichtung ausführt und zum anderen die erste Phase des translatorischen Fehlerausgleichs, bei dem der Berührpunkt auf der Linse konstant bleibt (vgl. Abbildung 5.5).

Beim Winkelfehlerausgleich wird die erforderliche Fügekraft durch die Fügetiefe z zu Beginn des 2-Punkt-Kontaktes beeinflußt (vgl. Abschnitt 4.3.3.3), da dieser Wert bei vorgegebener Passung dem Restwinkelfehler proportional ist. Für diese Teilfunktion wird daher der funktionale Zusammenhang der Fügekraft über der Fügetiefe dargestellt.

Die in den Koordinatensystemen eingetragenen Reibwerte resultieren aus den Ergebnissen der in Abschnitt 6.2.1 durchgeführten Versuche.

5.2.5.1 Kraftverlauf beim Zentrieren

In Abbildung 5.8 sind die Kraftverläufe für das Feinzentrieren der in Abschnitt 5.2.3 beschriebenen Linsentypen dargestellt. Die Fügekraft wird bei diesem Vorgang durch die Reibverhältnisse zwischen Linse und Greifer, Linse und Zentrierplatz und die Geometrie von Linse und Greifer beeinflußt. Als Geometrieparameter ist der in Gleichung 4.3.1 definierte Krümmungsradius R der Linse auf der Greifseite aufgeführt.

Der Lagefehler δ zwischen Greifer und Linse stellt den maßgeblichen Parameter für den gemessenen Kraftverlauf dar. Da sein Wert nach dem Grobzentrieren, bedingt durch die Fertigungstoleranzen des Greifers, auf ca. 1 mm begrenzt ist, wird er im Versuchsablauf bis zu diesem Maximalwert variiert.

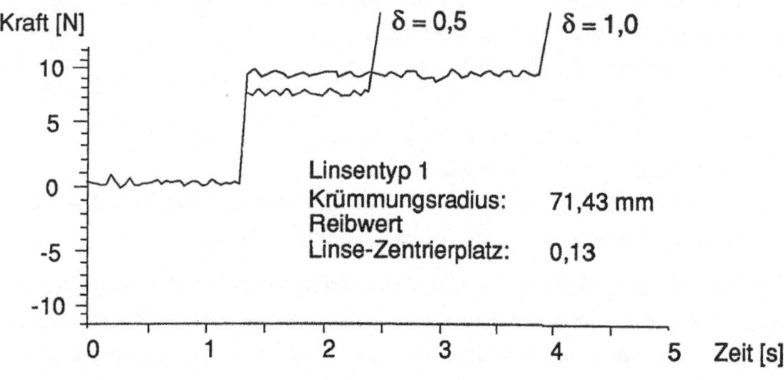

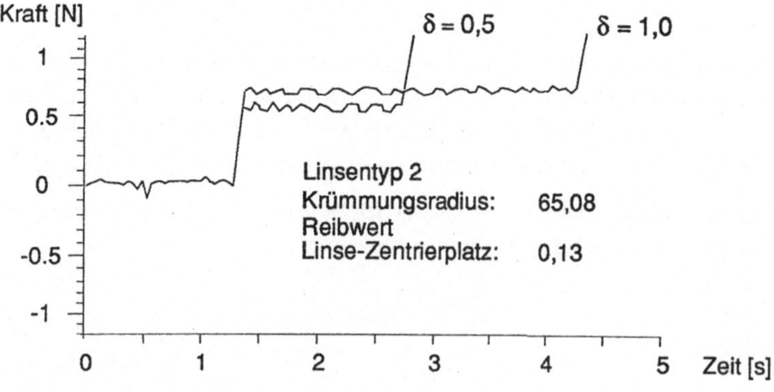

Abb. 5.8: Kraftverläufe beim Zentrieren

Zu Beginn der Messung beträgt die Kraft 0 Newton, da noch keine Berührung zwischen Greifer und Linse besteht. Nach ca. 1,3 Sekunden kommt es zum Kontakt zwischen den Bauteilen und die Kraft steigt an. Während des Fehlerausgleichs bleibt der Meßwert nahezu konstant, bevor am Ende des Zentriervorgangs ein deutlicher Anstieg der Fügekraft zu erkennen ist.

Je größer der Lagefehler δ zwischen Greifer und Linse vorgegeben wird, um so höher ist die für seinen Ausgleich erforderliche Fügekraft und die benötigte Zeit. Einen wesentlichen Einfluß auf die erforderliche Fügekraft übt der Krümmungsradius der Linse auf der Greifseite aus. Die Linse mit dem größeren Krümmungsradius benötigt zum Zentrieren eine größere Fügekraft, da der das Verschieben der Linse bewirkende Kraftanteil geringer ist (vgl. Abschnitt 4.3.1).

Die Zeitdauer für den Zentriervorgang ist für die Linse mit dem größeren Krümmungsradius bei gleichem Lagefehler geringer, da der zum Ausgleich benötigte Verfahrweg des Handhabungsgerätes mit steigendem Krümmungsradius abnimmt.

5.2.5.2 Kraftverlauf beim translatorischen Fehlerausgleich

Abbildung 5.9 zeigt den Kraftverlauf für den translatorischen Fehlerausgleich. Bei diesem Vorgang sind die bestimmenden Parameter der Reibwert μ_l zwischen Linse und Fassung, der Rollreibungswiderstand f/R_k der für den translatorischen Fehlerausgleich vorgesehenen Lagerung und der Winkel α_t der Fügefase. Der Reibwert bzw. Rollreibungswiderstand wird unter Zugriff auf Abschnitt 6.2.1, in dem eine Analyse der Reibbedingungen durchgeführt wird, angegeben. Der dargestellte Versuch wird unter Bezug auf Abbildung 5.3 mit Linsentyp 1 durchgeführt.

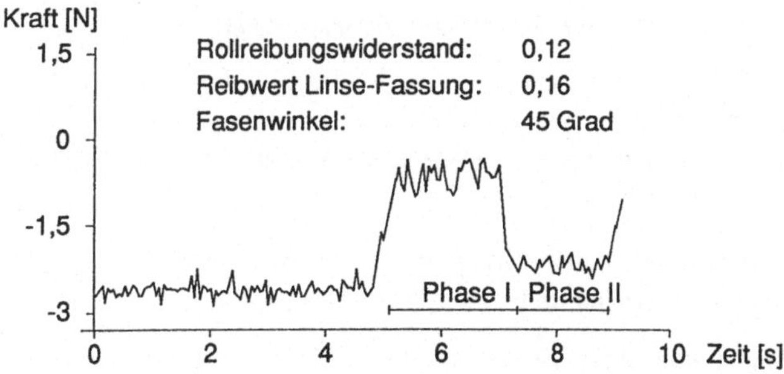

Abb. 5.9: Kraftverlauf beim translatorischen Fehlerausgleich

Während der ersten fünf Sekunden des Meßintervalls ist der Kraftwert durch das Gewicht der gegriffenen Linse bestimmt, die den Kraftaufnehmer auf Zug belastet.

Der weitere Kraftverlauf ist unter Bezug auf Abschnitt 5.2.4.2 in zwei Phasen unterteilt, die zur Verdeutlichung in Abbildung 5.10 noch einmal dargestellt werden.

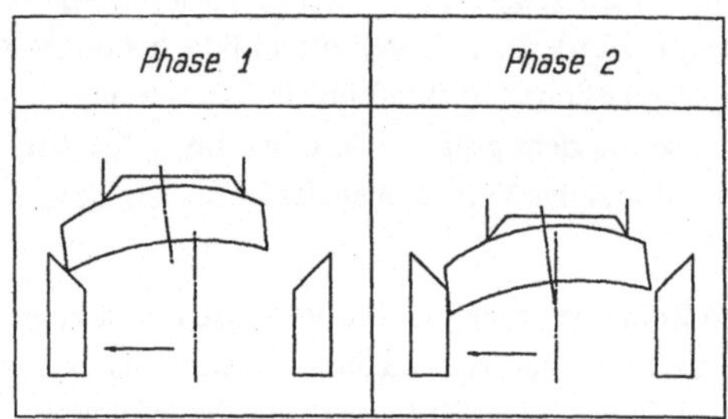

Abb. 5.10: Phasen des translatorischen Fehlerausgleichs

In Phase I findet der translatorische Fehlerausgleich durch die Reaktionskraft zwischen Linsen- und Fassungsfase statt (vgl. Abschnitt 4.3.2.1). Der Meßwert ist während dieses Vorgangs nahezu konstant.

Beim Einpunktkontakt zwischen Linsenmantelfläche und Fassung in Phase II setzt sich der translatorische Ausgleich auf niedrigem Kraftniveau fort (vgl. Abschnitt 4.3.2.2). Am Ende von Phase II erfolgt ein Anstieg der Fügekraft, der mit dem Beginn des Winkelfehlerausgleichs erklärt werden kann und Gegenstand der folgenden Betrachtungen ist.

5.2.5.3 Kraftverläufe beim Winkelfehlerausgleich

- Versuche mit Linsentyp 1

In den Abbildungen 5.11 bis 5.13 werden Kraftverläufe beim Winkelfehlerausgleich dargestellt.

Die Versuche werden mit dem in Abschnitt 5.2.3 beschriebenen Linsentyp 1 durchgeführt. Die in Abbildung 5.7 definierte Fassungshöhe H beträgt 9 mm.

Jede Abbildung dokumentiert die Meßergebnisse für ein bestimmtes Passungsspiel, wobei der Unterdruck zwischen Linse und Greifer variiert wird.

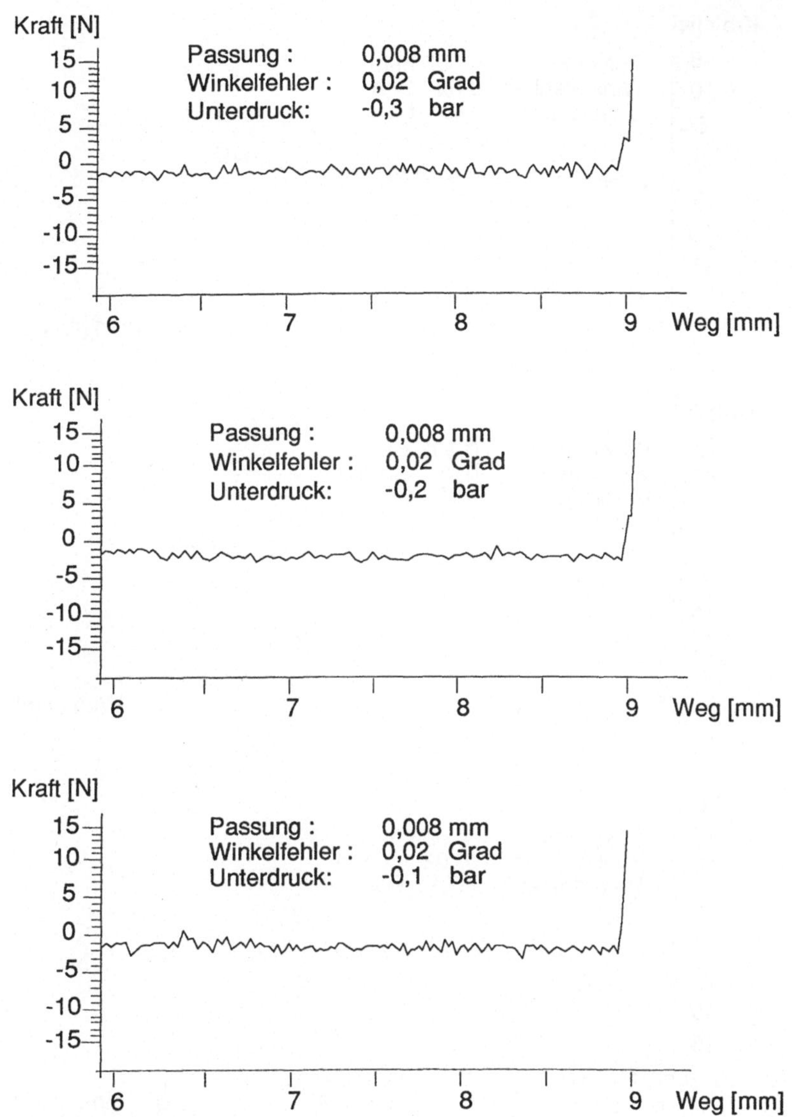

Abb. 5.11: Kräfteverlauf beim Winkelfehlerausgleich einer 8 μm Passung

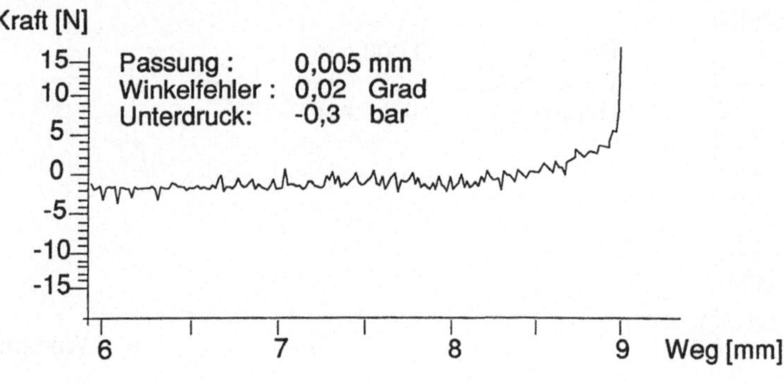

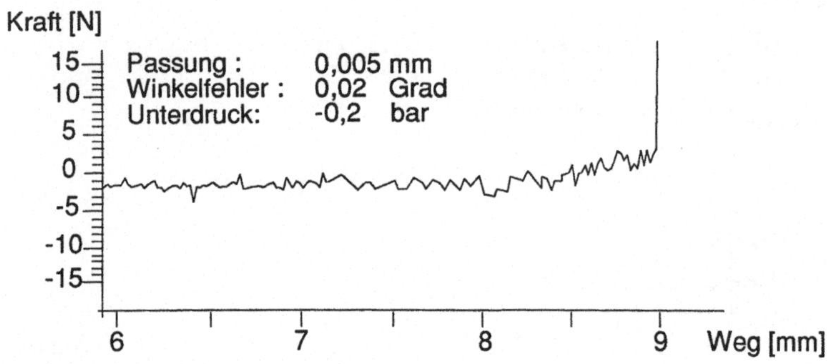

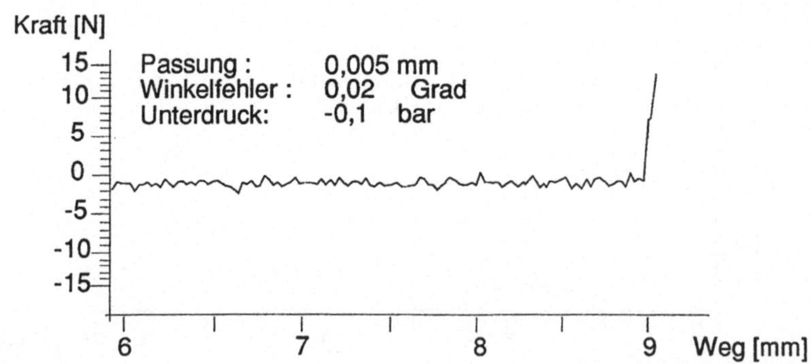

Abb. 5.12: Kräfteverlauf beim Winkelfehlerausgleich einer 5 µm Passung

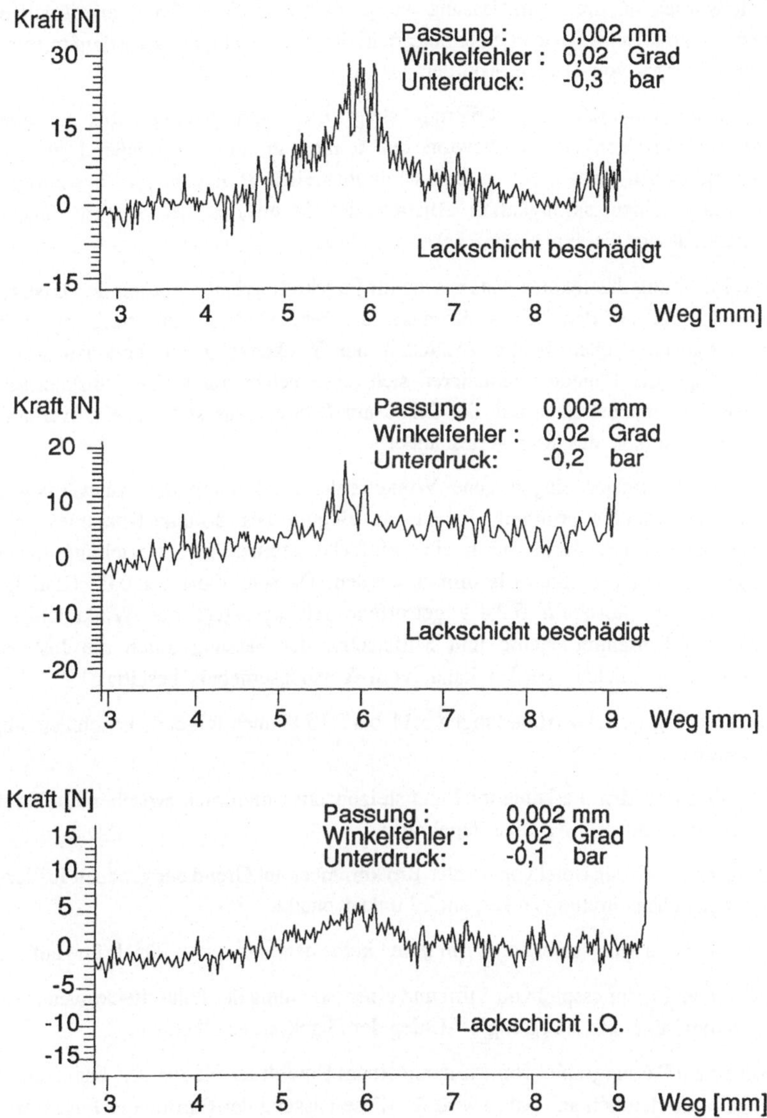

Abb. 5.13: Kräfteverlauf beim Winkelfehlerausgleich einer 2 µm Passung

Die Meßkurven für die 2 µm Passung weisen eine besondere Charakteristik auf und werden exemplarisch an dem in Abbildung 5.13 dargestellten Fügekraftverlauf mit einem Greiferunterdruck von -0,3 bar diskutiert.

- Ab einer Fügetiefe von 4,5 mm steigt die Kraft monoton bis zu einem Maximalwert von ca. 28 Newton bei 6 mm an, um anschließend in einem hyperbolischen Verlauf auf ca. 1 Newton abzufallen. Das Ende der Fügebewegung ist durch einen sprunghaften Anstieg des Meßwertes bei 9 mm Fügetiefe (entspricht der Fassungshöhe) gekennzeichnet.
- Die Erklärung des lokalen Maximums im Fügekraftverlauf ist durch den Übergang vom 1-Punkt auf den 2-Punkt-Kontakt zu sehen. Ab dieser Fügetiefe muß neben dem translatorischen Fehler zusätzlich der Winkelfehler ausgeglichen werden. Mit steigender Fügetiefe reduzieren sich diese Fehler durch den translatorischen Ausgleich und die Scherung der Linse am Greifer, was sich im Kraftverlauf in einem Absinken des Meßwertes äußert.
- Der als Parameter eingetragene Winkelfehler wird durch die Auswertung des Fügekraftverlaufes ermittelt. Er hat zu Beginn des 2-Punkt-Kontaktes seinen Maximalwert und kann durch eine einfache geometrische Beziehung mit der Fügetiefe an dieser Stelle bestimmt werden. Da sein Wert bei 0,02 Grad liegt, wird die in Abschnitt 5.2.4.1 getroffene Aussage, daß der Winkelfehler α_f zwischen Linsenmittelachse und Mittelachse der Fassung durch die Justierung nahezu ausgeglichen werden kann, vom Versuchsergebnis bestätigt.

Bei einem Vergleich der Abbildungen 5.11 bis 5.13 können folgende Ergebnisse abgeleitet werden:

- Mit abnehmendem Passungsspiel und steigendem Unterdruck zwischen Greifer und Linse steigt die erforderliche Fügekraft an.
- Bei einem Passungsspiel von 8 und 5 µm kommt es auf Grund der genauen Justierung der Versuchsanordnung zu keinem 2-Punkt-Kontakt.
- Bei einem Passungsspiel von 8 µm treten keine nennenswerten Fügekräfte auf.
- Bei einem Passungsspiel von 5 µm und einer Erhöhung des Unterdruckniveaus ist ab ca. 8 mm Fügetiefe ein geringer Anstieg der Fügekraft zu erkennen.
- Bei einem Passungsspiel von 2 µm und einem Unterdruck kleiner -0,1 bar steigen die Fügekräfte deutlich an. Daher wird für diese Passung der Einfluß der Fügekraft auf die Lackierung der Linsenmantelfläche untersucht. Den Diagrammen in Abbildung

5.13 kann entnommmen werden, daß ein beschädigungsfreies Fügen nur bei einem Greiferunterdruck von -0.1 bar möglich ist.

Um den Einfluß des Winkelfehlers zu erfassen wird für die in Abbildung 5.14 dargestellte Versuchsreihe der Restwinkelfehler erhöht. Dazu wird der Zentrierplatz definiert dejustiert.

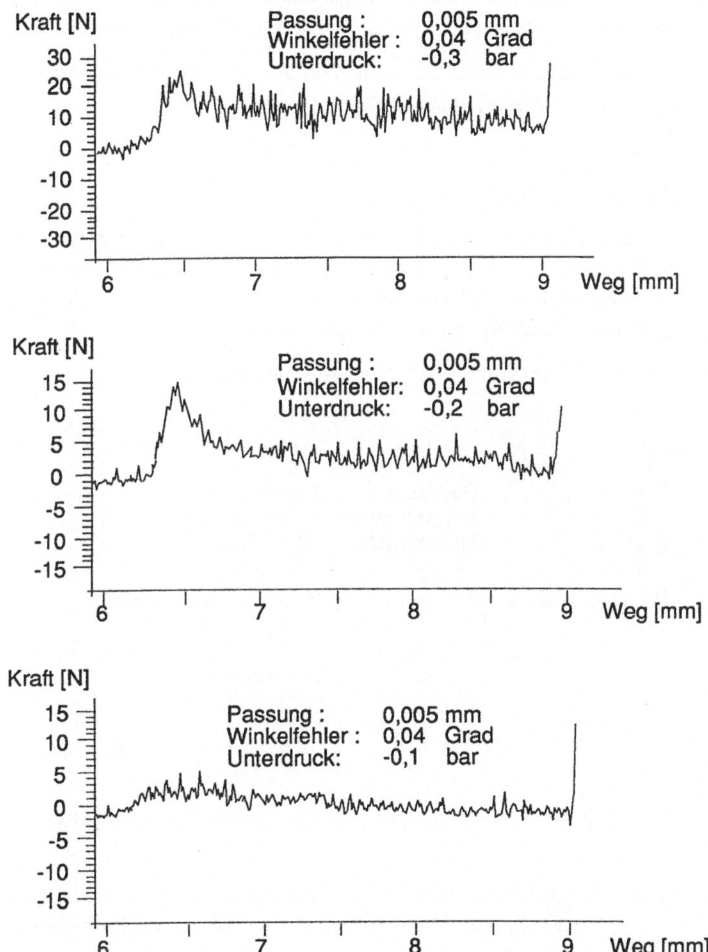

Abb. 5.14: Kräfteverlauf einer 5 μm Passung bei erzeugtem Winkelfehler

Vergleicht man die Kraftverläufe mit den in Abbildung 5.12 dargestellten Ergebnissen, in denen mit Ausnahme des Winkelfehlers die gleichen Geometrie- und Prozeßparameter vorliegen, läßt sich folgendes ableiten:

- Durch den erzeugten Winkelfehler kommt es bei einer Fügetiefe von ca. 6.5 mm zu einem 2-Punkt-Kontakt zwischen Linse und Fassung, der in Abbildung 5.12 im Kraftverlauf nicht zu erkennen ist. Die Fügekräfte erreichen an dieser Stelle ein lokales Maximum und nehmen mit steigendem Betrag des Unterdrucks deutlich zu.
- Durch die Reduzierung des Restwinkelfehlers von 0,04 auf 0,02 Grad ist es möglich, die erforderliche Fügekraft um ca. 80% zu senken.

- Versuche mit Linsentyp 2

Das kleinste Passungsspiel, das mit den für Linsentyp 2 zur Verfügung stehenden Versuchswerkstücken realisiert werden kann, liegt bei 11 µm. Der Krümmungsradius R_k dieses Linsentyps beträgt 65,08 mm, seine Höhe h ist gleich 4,9 mm. Die untersuchte Passung hat das Grundmaß 49 mm, die Fassungshöhe H ist mit 3 mm festgelegt.

In Abbildung 5.15 ist ein Kraftverlauf für diese Konfiguration dargestellt.

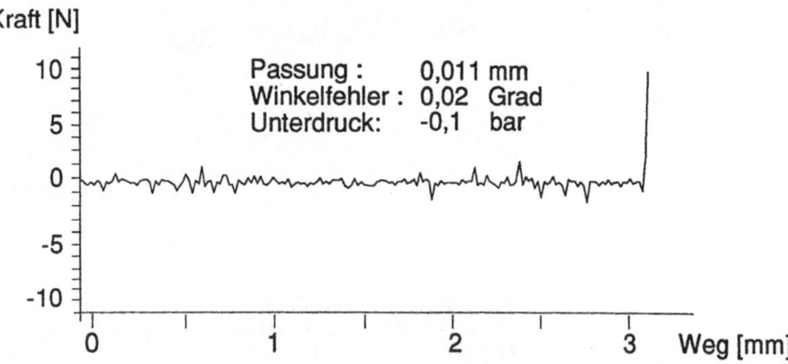

Abb. 5.15: Kräfteverlauf beim Winkelfehlerausgleich einer 11 µm Passung

Ein Anstieg der Fügekraft ist an keiner Stelle der Kurve zu erkennen, was auf das relativ große Passungsspiel zurückgeführt werden muß. Daher wird auf eine Prozeßparametervariation für diese Konfiguration verzichtet.

5.3 Parameteroptimierung

Die Größe des Unterdruckbetrages zwischen Greifer und Linse und die Höhe der Fügegeschwindigkeit lassen einen wesentlichen Einfluß auf die erforderliche Fügekraft erwarten. Damit stellt sich die Aufgabe, den Einfluß dieser beiden Prozeßparameter zu untersuchen. Da diese sich unter Umständen gegenseitig beeinflussen, sind mehrere Versuchsreihen erforderlich, in deren Verlauf einer der Parameter konstant gehalten und der zweite variiert wird.

Im vorliegenden Fall werden drei Versuchsreihen mit den Greiferunterdrücken -0,1 bar, -0,2 bar und -0,3 bar durchgeführt und dabei die Fügegeschwindigkeit stufenweise erhöht.

Zielsetzung ist die Ermittlung eines Parameterfeldes, in dem die Abhängigkeit der Fügegeschwindigkeit vom Passungsspiel zwischen Greifer und Linse sowie dem Greiferunterdruck dargestellt wird. Die eingetragenen Grenzkurven bilden dabei die Trennlinien zwischen den fehlerfreien Montageabläufen und den Versuchen, in deren Verlauf eine Beschädigung der Linsenlackschicht festzustellen war.

In den Abbildungen 5.16 wird zunächst exemplarisch für einen Fügefall der Einfluß der Fügegeschwindigkeit auf die gemessene Fügekraft dargestellt. Die für diesen Fall geltenden Parameter sind an den Meßkurven dokumentiert. Die an der Abszisse angetragenen Zeiten sind ein Maß für die Fügegeschwindigkeit, da der Fügeweg jeweils 9 mm beträgt. Es können folgende Ergebnisse abgeleitet werden:

Bis zu einer Geschwindigkeit von 0,45 mm/s sind fehlerfreie Fügevorgänge zu erzielen. Die gemessene Fügekraft beträgt ca. 6,5 Newton. Ab einer Fügegeschwindigkeit von 0,6 mm/s treten die ersten Beschädigungen an der Linsenlackschicht bei Fügekräften von ca. 9 Newton auf. Die maximal zulässige Fügegeschwindigkeit für dieses Passungsspiel beträgt somit 0,45 mm/s.

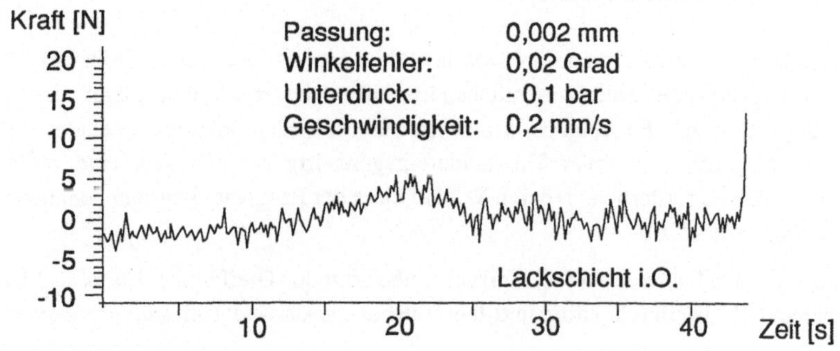

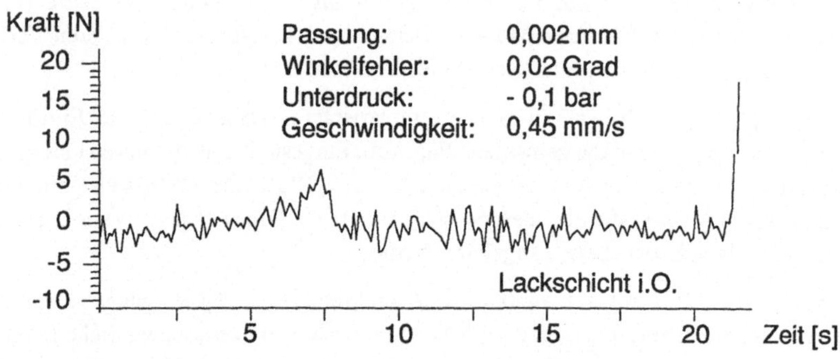

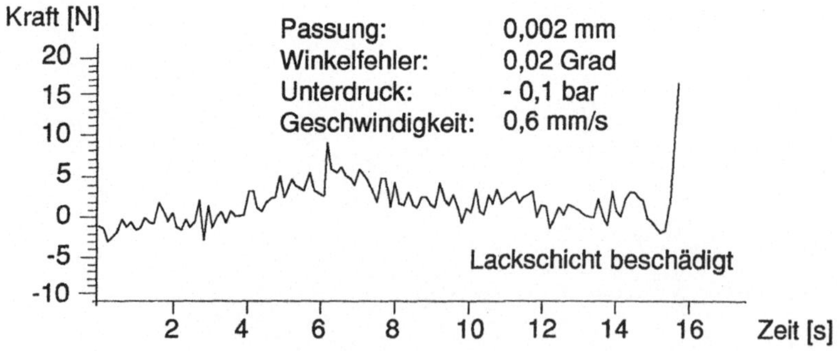

Abb. 5.16: Einfluß der Fügegeschwindigkeit

Abbildung 5.17 stellt das aus mehreren Einzelversuchen ermittelte bereits angesprochene Parameterfeld dar. Es ermöglicht in Abhängigkeit des vorgegebenen Passungsspiels die Auswahl einer geeigneten Unterdruck/Fügegeschwindigkeits-Kombination.

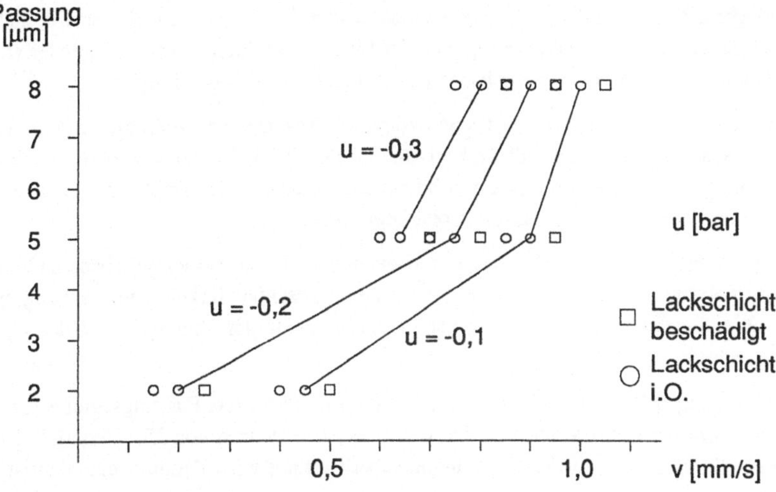

Abb. 5.17: Parameterfeld zur Unterdruck/Geschwindigkeits-Auswahl

Die dargestellten Grenzkurven ergeben sich aus einer Linearinterpolation der Meßwerte für 2 µm, 5 µm und 8 µm Passungsspiel.

5.4 Einfluß überlagerter Schwingungen

Das im Abschnitt 3.7 entwickelte Teilsystem zum Positionieren und Fügen der Linsen sieht die Möglichkeit vor, die Fügebewegung mit einer variierbaren Schwingung zu überlagern. Der Einfluß dieser fügeunterstützenden Maßnahme auf die erforderlichen Fügekräfte und die Beschädigungsgefahr der Linsenlackschicht wird im folgenden experimentell untersucht. Der Versuchsablauf gestaltet sich dabei wie folgt:

Über die Spannungsversorgung des Schwingungserregers wird die Frequenz der überlagerten Schwingung eingestellt und zu Beginn des Winkelfehlerausgleichs durch das Bewegungsprogramm des Industrieroboters zugeschaltet. Die Amplitude der Schwingung wird dabei durch das Passungsspiel begrenzt.

Ziel der Versuche ist es, ein Parameterfeld zu entwickeln, das bei vorgegebenem Greiferunterdruck die Abhängigkeit der möglichen Fügegeschwindigkeit vom Passungsspiel zwischen Greifer und Linse sowie der Erregerfrequenz der überlagerten Schwingung widerspiegelt.

In Abbildung 5.18 ist beispielhaft eine Versuchsreihe für das Passungsspiel 2 µm bei einem Greiferunterdruck von - 0,1 bar und Erregerfrequenzen von 35, 55 und 75 Hertz dargestellt. Der Einfluß der Schwingungsüberlagerung wird dadurch charakteristisch beschrieben.

Die Referenzkraft für diese Fügeaufgabe ohne Schwingungsüberlagerung beträgt laut Abbildung 5.12 ca. 6 Newton. Bei Erhöhung der Erregerfrequenz bis 75 Hertz sinkt die erforderliche Fügekraft bis auf einen Wert von 0,15 Newton ab.

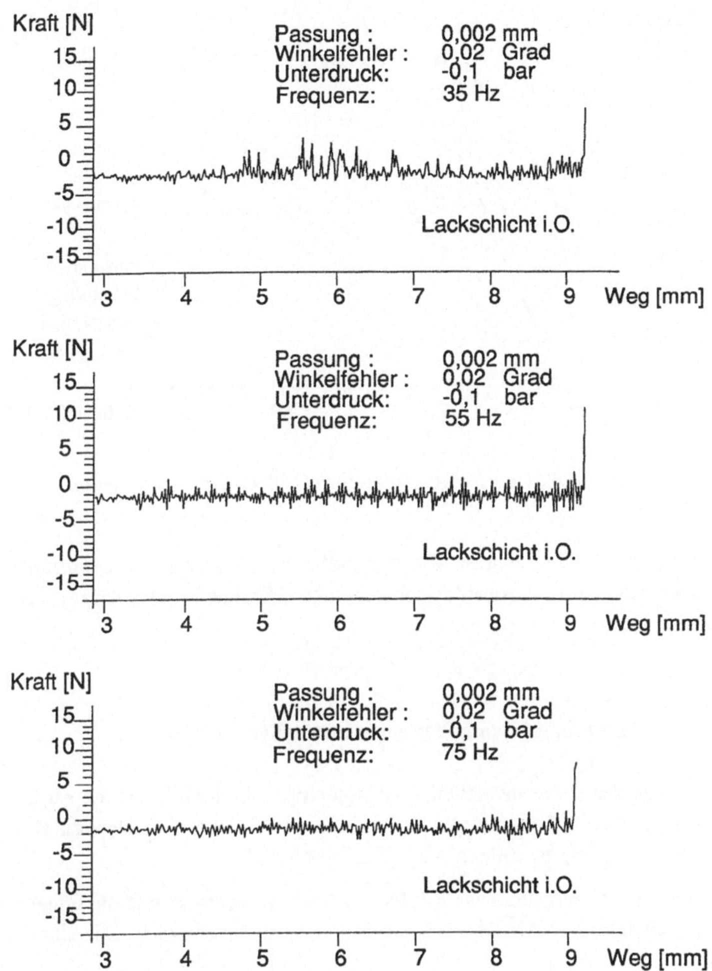

Abb. 5.18: Einfluß überlagerter Schwingungen

In Abbildung 5.19 ist das als Zielsetzung beschriebene Parameterfeld für den Greiferunterdruck -0,1 bar und drei untersuchte Erregerfrequenzen dargestellt.

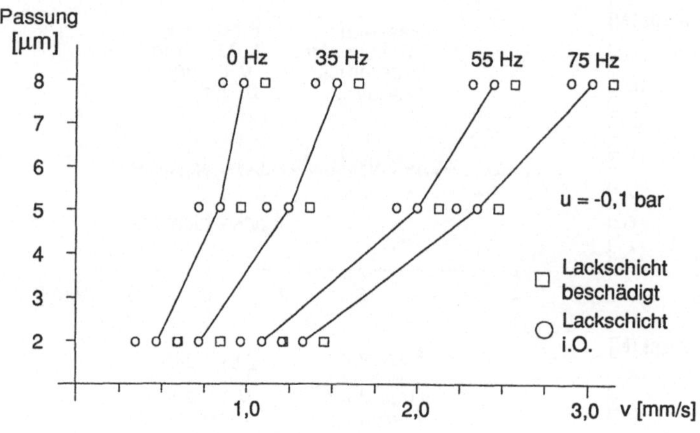

Abb. 5.19: Parameterfeld zur Erregerfrequenz/Geschwindigkeits-Auswahl

Das Parameterfeld ermöglicht in Abhängigkeit eines vorgegebenen Greiferunterdrucks und Passungsspiels die Auswahl einer geeigneten Erregerfrequenz/Fügegeschwindigkeits-Kombination.

5.5 Zusammenfassung der experimentellen Analyse

Die Ergebnisse der experimentellen Analyse belegen die Richtigkeit der Fügestrategie, vor dem eigentlichen Fehlerausgleich zur Minimierung der auftretenden Kräfte eine Fehlerreduzierung durchzuführen (vgl. Abschnitt 3.7.5).

Als wesentliche Prozeßparameter wurden der Greiferunterdruck und die Fügegeschwindigkeit ermittelt und in Abhängigkeit des Passungsspiels zwischen Linse und Fassung optimiert.

Der Einfluß überlagerter Schwingungen während der Fügebewegung erwies sich zur Minimierung der erforderlichen Fügekräfte grundsätzlich als vorteilhaft und wurde durch die Ermittlung einer geeigneten Erregerfrequenz in Abhängigkeit des Passungsspiels, des Greiferunterdrucks und der Fügegeschwindigkeit optimiert.

Zusammenfassend konnten Möglichkeiten aufgezeigt werden, durch die Auswahl geeigneter Prozeßparameter Passungsspiele bis zu 2 µm nahezu kraftfrei zu fügen.

6. Überprüfung des Berechnungsmodells und Entwicklung eines Prozeßüberwachungssystems

6.1 Vorbemerkungen

In Kapitel 3 wurde ein Prozeßüberwachungskonzept vorgestellt, das auf der Überprüfung von Fügekraftgrenzwerten in den einzelnen Phasen des Montageprozesses beruht und eine beschädigungsfreie Montage optischer Linsen gewährleistet. Diese Grenzwerte setzen sich aus den im Rahmen der theoretischen Betrachtungen ermittelten erforderlichen Fügekräften und Sicherheitszuschlägen zusammen, die der Anpassung des idealisierten Modells an den realen Prozeß dienen.

Zielsetzung dieses Kapitels ist es, das theoretische Berechnungsmodell unter zu Hilfenahme der experimentellen Prozeßanalyse zu überprüfen und durch den Vergleich der berechneten und gemessenen Fügekräfte die erforderlichen Sicherheitszuschläge abzuleiten. Basierend auf diesen Ergebnissen kann ein Prozeßüberwachungssystem für die automatisierte Montage optischer Linsen entwickelt werden.

6.2 Überprüfung des Berechnungsmodells

Die Überprüfung der theoretischen Betrachtungen wird durch einen Vergleich der errechneten Fügekräfte mit den experimentell ermittelten Meßwerten durchgeführt. Um mit den in Kapitel 4 hergeleiteten Formeln die erforderlichen und zulässigen Fügekräfte bestimmen zu können, müssen alle darin enthaltenen Größen bekannt sein. Daher ist es in einem ersten Schritt erforderlich, die relevanten Reibwerte und die zulässige Schabbelastung auf die Linsenlackschicht zu ermitteln.

6.2.1 Analyse der Reibbedingungen

In den theoretischen Betrachtungen zur Ermittlung der Kraftverhältnisse wurden die erforderlichen und zulässigen Fügekräfte für die einzelnen Phasen des Montageprozesses hergeleitet. Die beschreibenden Formeln beinhalten als Parameter folgende Reibwerte:

- Reibwert μ_{gl} zwischen Greifer und Linse,
- Reibwert μ_a zwischen Linse und Zentrierplatz und
- Reibwert μ_l zwischen Linse und Fassung.

Entsprechend den eingesetzten Werkstoffen für die Peripheriekomponenten und unter Berücksichtigung der möglichen Fügeaufgaben werden folgende Reibpaarungen untersucht:

- Greiferwerkstoff PMMA mit einem polierten optischen Glaswerkstoff (entspricht der Qualität der Linsenoberfläche),
- Zentrierplatzmaterial Ceran mit einem grobbearbeiteten optischen Glaswerkstoff (entspricht der Linsenauflage) und
- sieben Lacksorten mit sechs Fassungsmaterialien.

6.2.1.1 Meßprinzip

Zur Messung der Reibwerte werden von jeder Reibpaarung je eine Flachprobe und eine quaderförmige Probe angefertigt. Die verwendete Versuchsanordnung ist in Abbildung 6.1 dargestellt und wird im folgenden beschrieben.

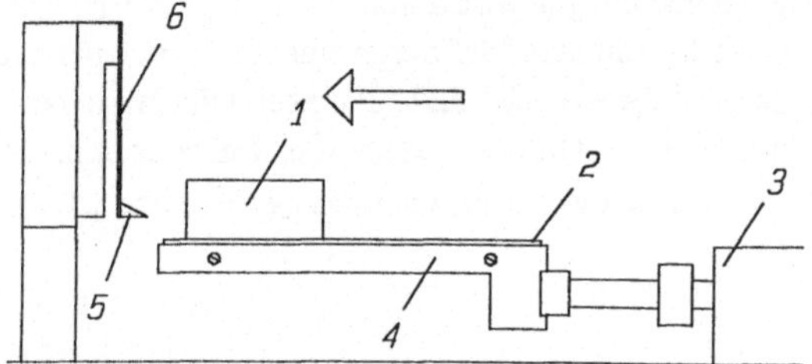

Abb. 6.1: Versuchsanordnung zur Reibwertermittlung

Die Flachprobe (2) ist auf einem Schlitten (4) befestigt, der durch einen Pneumatikzylinder (3) mit gleichförmiger Geschwindigkeit bewegt wird. Die quaderförmige Probe (1) wird auf die Flachprobe aufgelegt und gegen eine Blattfeder (6) verfahren, sodaß es zu einer gleichförmigen Relativbewegung zwischen den beiden Proben kommt. Um dabei eine definierte Krafteinleitung in die Blattfeder zu gewährleisten, ist diese mit einem

Prisma (5) versehen. Die Durchbiegung der Blattfeder ist zur bestehenden Reibkraft proportional und wird über eine Dehnungsmeßstreifenvollbrücke erfaßt. Den funktionalen Zusammenhang zwischen Reibkraft und Durchbiegung beschreibt eine bei definierter Belastung aufgenommene Kalibrierkurve. Die verstärkte Ausgangsspannung der Meßbrücke wird einem AD-Wandler zugeführt und auf PC-Basis ausgewertet.

6.2.1.2 Ergebnisse

In Abbildung 6.2 sind die Reibwertverläufe der Paarungen Greifer-Linse und Linse-Zentrierplatz, sowie von zwei charakteristischen Lack-Fassungspaarungen dargestellt.

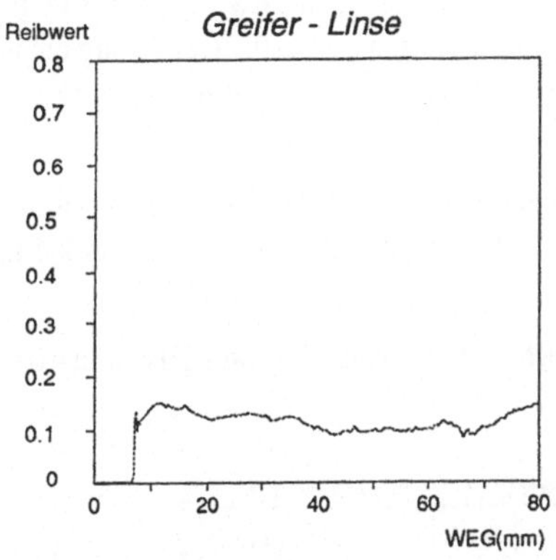

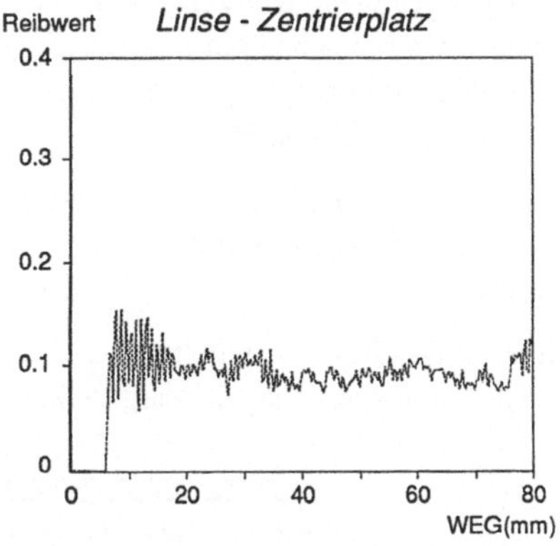

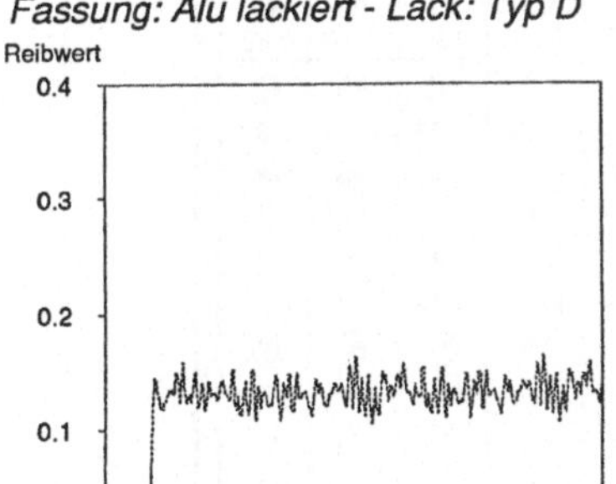

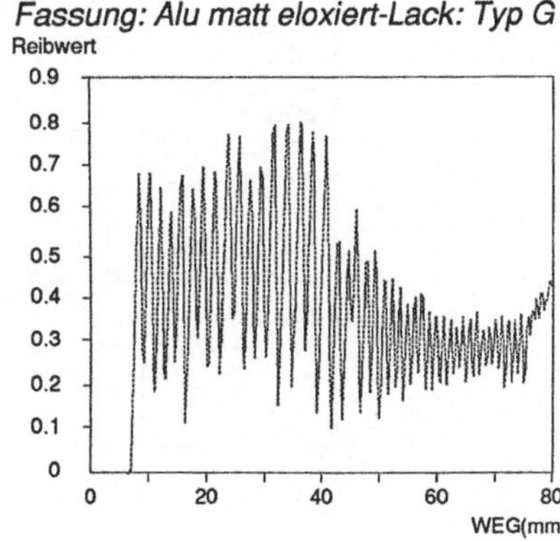

Abb. 6.2: Reibwertverläufe

die Relativgeschwindigkeit zwischen den Proben einen Einfluß auf die Meßergebnisse hat, wird sie zwischen 1 und 3 mm/s variiert. Dieser Bereich entspricht nach dem in Abschnitt 5.3 durchgeführten Parameterstudien den sinnvollen Fügegeschwindigkeiten im Rahmen der untersuchten Montageaufgabe.

Die für die Berechnung verwendeten Reibwerte ergeben sich aus den Mittelwerten der aufgenommenen Kurven über dem Verfahrweg. Der Einfluß der Relativgeschwindigkeit erwies sich im betrachteten Intervall als vernachlässigbar. Der Reibwert μ_{gl} zwischen Greifer und Linse kann auf diese Weise zu 0,11, der Reibwert μ_a zwischen Linse und Zentrierplatz zu 0,13 ermittelt werden.

Bei den Kombinationen der getesteten Lacksorten und Fassungsmaterialien ergaben sich große Abweichungen im Reibungsverhalten. Als Beispiel für eine unter Montagegesichtspunkten geeignete Kombination ist der Reibwertverlauf einer mit dem Lacktyp D geschwärzten Linse und einer lackierten Aluminiumfassung dargestellt. Der Reibwert ist zum einen betragsmäßig niedrig und zum anderen treten nur geringe Streuungen aufgrund von Stick-Slip-Effekten auf.

Ist die Linse mit dem Lacktyp G geschwärzt und mit einer matt eloxierten Aluminiumfassung kombiniert, ergibt sich ein deutlich erhöhter Reibwert mit starken Stick-Slip Verhalten.

Eine Übersicht der ermittelten Reibwerte zwischen den Lacksorten und Fassungsmaterialien ist in Abbildung 6.3 dargestellt.

Reibpaarungen	Typ A	Typ B	Typ C	Typ D	Typ E	Typ F	Typ G
Alu blank	◒ 0.28	◒ 0.26	◒ 0.27	○ 0.23	● 0.33	● 0.36	● 0.38
Alu glänzend eloxiert	◒ 0.26	○ 0.16	○ 0.21	○ 0.18	○ 0.22	◒ 0.31	● 0.33
Alu matt eloxiert	◒ 0.31	○ 0.16	● 0.39	◒ 0.33	◒ 0.26	● 0.42	● 0.40
Alu + Gleitlack	○ 0.17	○ 0.15	○ 0.14	○ 0.12	◒ 0.28	● 0.24	● 0.20
Messing schwarz gebeizt	○ 0.24	○ 0.14	◒ 0.28	◒ 0.26	◒ 0.26	● 0.42	● 0.33
Delrin	○ 0.16	○ 0.16	○ 0.19	○ 0.15	○ 0.22	○ 0.20	○ 0.18

○ geeignet ◒ weniger geeignet ● nicht geeignet

Abb. 6.3: Beurteilung der Lacksorten

Außerdem kann der Darstellung die Beurteilung der Reibpaarungen unter montagetechnischen Gesichtspunkten entnommen werden. Die Klassifizierung in geeignete, weniger geeignete und nicht geeignete Kombinationen basiert auf einer Bewertung der ermittelten Reibwerte und ihrer Konstanz über dem Meßweg.

Auf den Einsatz der weniger bzw. nicht geeigneten Kombinationen sollte in der konstruktiven Auslegung von Objektiven verzichtet werden. Im Rahmen der vorliegenden Arbeit werden aus diesem Grund die Lacktypen E, F und G nicht weiter berücksichtigt.

6.2.2 Ermittlung des Rollreibungswiderstandes

Beim translatorischen Fehlerausgleich am Montageplatz muß die Reaktionskraft den Rollreibungswiderstand f/R_k überwinden. Dieser wird nach /6.1/ durch den Hebelarm der Rollreibung und den Radius der verwendeten Kugelrollen festgelegt und rechnerisch zu 0,12 ermittelt.

6.2.3 Ermittlung der zulässigen Schabbelastung

Das in Abschnitt 3.7.5.6 vorgestellte Prozeßüberwachungskonzept erfüllt unter anderem die Aufgabe, eine Beschädigungsgefahr für die Linsenlackschicht beim Fügevorgang auszuschließen. Dazu wird vor Beginn der Montageoperationen ein Plausibilitätstest durchgeführt. In dessen Rahmen wird für die Teilfunktionen, die eine Beschädigung der Lackschicht verursachen können überprüft, ob die rechnerisch ermittelten Grenzwerte die maximal zulässigen Fügekräfte überschreiten. Ist dies der Fall, ist eine fehlerfreie Montage der vorliegenden Bauteilkonfiguration nicht realisierbar.

Zur rechnerischen Ermittlung der maximal zulässigen Fügekraft muß die zulässige Schabbelastung auf die Lackschicht ermittelt werden. Mit dieser Aufgabenstellung befassen sich die folgenden Abschnitte.

6.2.3.1 Prüfverfahren für Anstriche und Beschichtungen

Mit der Prüfung von Anstrichen und Beschichtungen befassen sich eine Vielzahl von DIN-Normen (vgl. /6.2/ bis /6.5/). Unter anderem stehen Prüfverfahren zur Schichtdickenmessung, zur Dehnfähigkeit bei Biegebelastung, zur Ermittlung des Eindruckwiderstandes, der Haftfähigkeit und der Sprödigkeit zur Verfügung. Ein Prüfverfahren, das die zu untersuchende Schabbelastung auf die Linsenlackschicht realitätsnah abbildet, liegt in der Literatur nicht vor und muß daher entwickelt werden.

6.2.3.2 Definition der Belastungsart

In der zweiten Phase des translatorischen Fehlerausgleichs und beim Winkelfehlerausgleich kommt es zum 1-Punkt-Kontakt zwischen der lackierten Linsenmantelfläche und der Fassung (vgl. Abschnitt 3.7.5.1). Die daraus resultierende Belastungssituation kann wie folgt charakterisiert werden und ist in Abbildung 6.4 dargestellt:

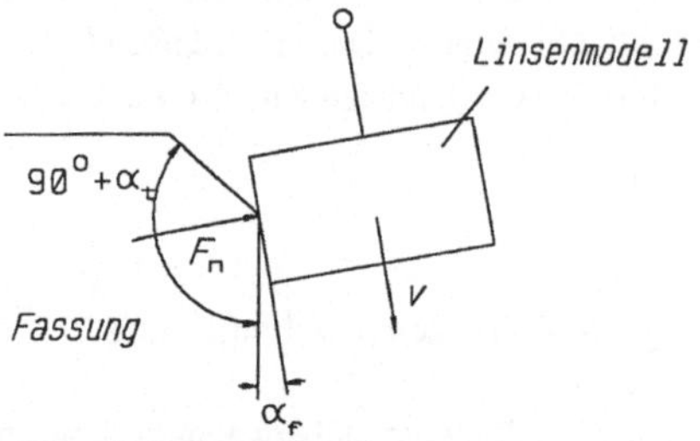

Abb 6.4: Belastungssituation auf die Lackschicht

Die Lackschicht bewegt sich unter konstanter Geschwindigkeit v mit dem Anstellwinkel α_f an einer punktförmigen Schneidengeometrie mit dem Spitzwinkel $90°+\alpha_t$ vorbei. Dabei entspricht die Geschwindigkeit v der Fügegeschwindigkeit, α_t dem Fasenwinkel und α_f dem Restwinkelfehler.In Anlehnung an Gleichung 4.3.5 ist die zulässige Normalkraft zu bestimmen, bei der die Lackschicht durch diese Belastung nicht beschädigt wird. In einem ersten Schritt muß dazu definiert werden, wann eine Beschädigung vorliegt.

6.2.3.3 Klassifizierung der zu prüfenden Eigenschaft

Die Prüfung von Anstrichen und Beschichtungen führt häufig zu der Problemstellung, daß die zu prüfende Eigenschaft nicht durch Meßwerte beschrieben werden kann, sondern subjektiv in ein Bewertungsschema eingestuft werden muß /6.6/. Ein solcher Fall liegt bei der Beurteilung einer Beschädigung an der Linsenlackschicht vor.

Der Schadensfall ist dabei folgendermaßen definiert:

- Die Lackschicht gilt als beschädigt, wenn bei der Sichtprüfung des fertig montierten Objektives auf der Linsenmantelfläche Spuren der Schablastung sichtbar sind.

Zur Klassifizierung der zu prüfenden Eigenschaft sind auf der Grundlage dieser Definition lediglich die Einstufungen 'beschädigt' und 'nicht beschädigt' erforderlich.

Nachdem die Belastungsart und die zu prüfende Eigenschaft festgelegt sind, wird im folgenden Abschnitt eine an diese Randbedingungen angepaßte Prüfvorrichtung vorgestellt und der Versuchsablauf beschrieben.

6.2.3.4 Meßprinzip

Zur Ermittlung der zulässigen Normalkraft wird die Versuchsanordnung eingesetzt, die in Abbildung 6.5 dargestellt ist.

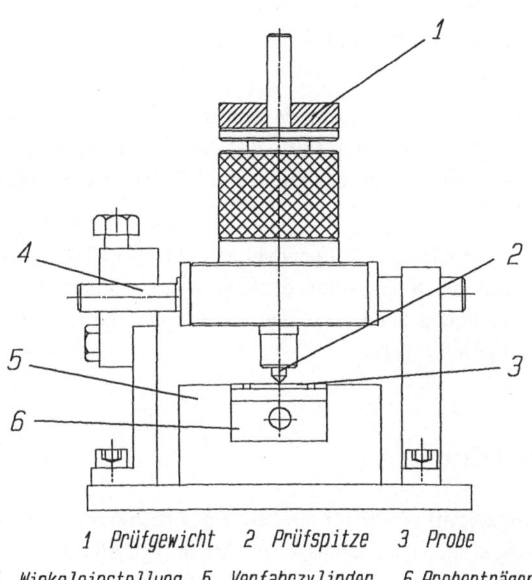

Abb 6.5: Versuchsanordnung

Die Relativbewegung der Probe (3) zur Prüfspitze (2) wird durch einen Verfahrzylinder (5) realisiert. Dazu ist der Probenträger (6), auf dem die Probe fixiert wird, mit der Kolbenstange des Verfahrzylinders gekoppelt und kann auf diese Weise unter der mit Prüfgewicht (1) belasteten Prüfspitze verfahren werden.

Die Prüfspitze ist an die in Abbildung 6.4 dargestellte Belastungssituation geometrisch angepaßt. Durch eine Winkeleinstellung (4) kann der Anstellwinkels α_f zusätzlich variiert werden.

An das Trägermaterial der Lackschicht sind auf der Grundlage der in Abschnitt 6.2.3.3 durchgeführten Klassifizierung der zu prüfenden Eigenschaft folgende Anforderungen zu stellen:

- Die Probekörper müssen durchsichtig sein, da die Beurteilung der Lackierung nicht von der Auftragseite, sondern von der Unterseite erfolgt.
- Die Oberflächenqualität der zu lackierenden Fläche muß der der Linsenmantelfläche entsprechen, um das gleiche Haftverhalten und die gleiche Transparenz der Proben zu gewährleisten.
- Das Auftragverfahren der Lackierung auf die Probekörper muß dem der Linsen entsprechen, um eine im Rahmen des Verfahrens erzielbare Schichtdickenkonstanz zu gewährleisten.

Diese Anforderungen an die Probekörper werden von Objektivträgern, wie sie in der Mikroskopie Verwendung finden, erfüllt. Vor der Lackierung mit dem zu prüfenden Lacktyp wird die Auftragseite zur Erzielung einer ähnlichen Oberflächenqualität angeschliffen.

Für jeden Probekörper wird das Prüfgewicht zwischen 5 und 35 Newton variiert. Anschließend wird durch eine Sichtprüfung der Objektivträgerunterseite entschieden, ob ein Versuch zur Beschädigung der Lackschicht geführt hat und gegebenenfalls die dabei wirkende Prüfkraft protokolliert.

6.2.3.5 Ergebnisse

Die zulässige Normalkraft wurde für die Lacktypen bestimmt, die sich im Rahmen der Reibwertermittlung als geeignet herausgestellt haben (vgl. Abschnitt 6.2.1.2). Die erzielten Ergebnisse sind in Abbildung 6.6 zusammengefaßt.

Für die Lacktypen A und D beträgt die zulässige Normalkraft 20 Newton. Die mit den Lacktypen B und C aufgetragenen Schichten wurden bei einer Prüfkraft von 35 Newton beschädigt.

F_{nzul} [N] / Lacktyp	10	15	20	25	30	35
A	0	0	0	1	1	1
B	0	0	0	0	0	1
C	0	0	0	0	0	1
D	0	0	0	1	1	1

0 Lackschicht unbeschädigt 1 Lackschicht beschädigt

Abb. 6.6: Ergebnisübersicht

Faßt man die Ergebnisse der Reibwertermittlung und der Ermittlung der zulässigen Schabbelastung zusammen, kann man feststellen, daß sich Lacktyp B unter montagetechnischen Gesichtspunkten für die Lackierung am besten eignet. Lacktyp C kann ebenfalls erfolgreich eingesetzt werden, jedoch sollte auf eine Kombination mit matt eloxiertem Aluminium verzichtet werden (vgl. Abbildung 6.3).

6.2.4 Ermittlung der theoretischen Kraftwerte

Da zur Ermittlung der theoretischen Kraftwerte umfangreiche Berechnungen durchzuführen sind, werden die formelmäßigen Zusammenhänge in ein Rechnerprogramm eingebunden, das im folgenden kurz beschrieben wird.

Nach Eingabe aller zur Berechnung benötigten Daten werden diese zur Kontrolle in einer Übersicht auf zwei Bildschirmseiten ausgegeben. In Abbildung 6.7 sind die Eingabemasken zur Beschreibung einer Montageaufgabe dargestellt.

```
Sie haben folgenden Datensatz gewählt :(Seite 1)

Greiferdaten  :
Greiferradius                          mm :  20.00
Greiferunterdruck               N/(mm*mm) :  0.010
                   1bar=0.1 N/(mm*mm)

Linsendaten   :
Linsenradius                           mm :  30.749
Linsendurchmesser                      mm :  61.498
Hoehe des Grundzylinders               mm :   9.00
Kruemmungsradius Greifseite            mm :  71.430
Gewicht der Linse                       N :   2.900
xi des Linsenmodells                   mm :   4.100
Greifwinkel                           rad :   0.284
                         entspricht Grad :  16.260

Beginn des Zweipunktkontaktes          mm :   5.720

Zulässige Normalkraft auf den Lack      N :  30.000

                  weiter mit beliebiger Taste
```

```
Sie haben folgenden Datensatz gewählt :(Seite 2)

Fassungsdaten:
Bohrungsdurchmesser                    mm :61.500
Gewicht der Fassung                     N : 5.000
Gewicht der Fassungsaufnahme            N : 7.000
Gewicht Fassung und -aufnahme           N :12.000
Winkel der Fassungsfase               rad : 0.800
                         entspricht Grad : 45.837

Reibwerte "RW" und Reibwinkel "RWI"(Bogenmass)  :
RW  Greifer/Linse                           : 0.110
RW  Fassungslagerung                        : 0.120
RW  Linse/Fassung                           : 0.160
RW  Linse/Auflage (Zentrieren)              : 0.130
RWI Linse/Auflage (Zentrieren)          rad : 0.159
RWI Linse/Fassung                       rad : 0.159
RWI Greifer/Linse                       rad : 0.110

Datensatzname: .................Durchmesser 61.5

                                        Auswahl ok? (j/n)
```

Abb. 6.7: Eingabemasken des Berechnungsprogramms

Wird die Eingabe akzeptiert, erfolgt eine Prüfung des Datensatzes auf Plausibilität. Dabei werden erkennbare Eingabefehler angemahnt (z.B. Linsendurchmesser > Fassungsdurchmesser). Ist der Datensatz korrekt, erfolgt die Berechnung der erforderlichen und maximal zulässigen Fügekräfte. Diese werden in einem Ergebnisprotokoll am Bildschirm ausgegeben. Um dem Anwender eine weitere Kontrollmöglichkeit zu bieten, beinhaltet das Protokoll zusätzlich die der Berechnung zu Grunde liegenden Hilfsterme. In Abbildung 6.8 ist das auf den Eingabedaten von Abbildung 6.7 basierende Ergebnisprotokoll dargestellt.

```
                        Ergebnisprotokoll :

   - Erforderliche Fuegekraft für das Zentrieren .......   8.19 N
   - Erforderliche Fuegekraft in der 1. Phase des.......  -0.60 N
     translatorischen Fehlerausgleichs
   - Erforderliche Fuegekraft in der 2. Phase des.......  -2.66 N
     translatorischen Fehlerausgleichs
   - Maximal zulaessige Fuegekraft......................   1.91 N

     v..................................................   7.99 Nmm
     w.................................................. 100.44 Nmm
     ty.................................................  -2.46 N
     sy.................................................   0.06 1/mm
     s..................................................   0.04 1/mm
     t..................................................  -2.71 N

   - Erforderliche Fuegekraft in der 1. Phase des.......   6.27 N
     Winkelfehlerausgleichs
   - Maximal zulaessige Fuegekraft......................   6.31 N
   - Erforderliche Fuegekraft in der 2. Phase des.......   1.29 N
     Winkelfehlerausgleichs

                 weiter mit beliebiger Taste
```

Abb. 6.8: Ergebnisprotokoll

Die erforderliche Fügekraft wird in der Ergebnisübersicht für die eingegebene Fügetiefe z dargestellt. Da sich dieser Wert mit steigender Fügetiefe ändert, zeichnet ein Grafikmodul in einem weiteren Programmschritt den Verlauf der erforderlichen Fügekraft bis zur maximalen Fügetiefe auf.

6.2.5 Vergleich der Meßergebnisse mit den Berechnungen

6.2.5.1 Vorbemerkungen

Das theoretische Berechnungsmodell zur Ermittlung der erforderlichen und maximal zulässigen Fügekräfte basiert auf einer quasistatischen Betrachtungsweise. Um einen zulässigen Vergleich der Meßergebnisse mit den Berechnungen vornehmen zu können, müssen daher die dynamischen Einflüsse des Experiments durch die Auswahl geeigneter Versuchsreihen minimiert werden. Aus diesem Grund werden die Meßreihen der experimentellen Untersuchungen herangezogen, die zum einen mit einer niedrigen Verfahrgeschwindigkeit (0,2 mm/s) und zum anderen ohne die Überlagerung von Erregerfrequenzen durchgeführt wurden. Die im folgenden ermittelten Sicherheitszuschläge für das Prozeßüberwachungssystem sind daher nur beim Vorliegen dieser Randbedingungen gültig. Eine geschwindigkeits- bzw. frequenzabhängige Ermittlung der Sicherheitszuschläge wird im Rahmen dieser Arbeit nicht durchgeführt.

6.2.5.2 Zentrieren der Linse

In Abbildung 6.9 sind die theoretisch berechneten Kraftverläufe den experimentell ermittelten für das Zentrieren der im Abschnitt 5.2.3 beschriebenen Linsentypen bei einem Positionierfehler δ von 1mm gegenübergestellt.

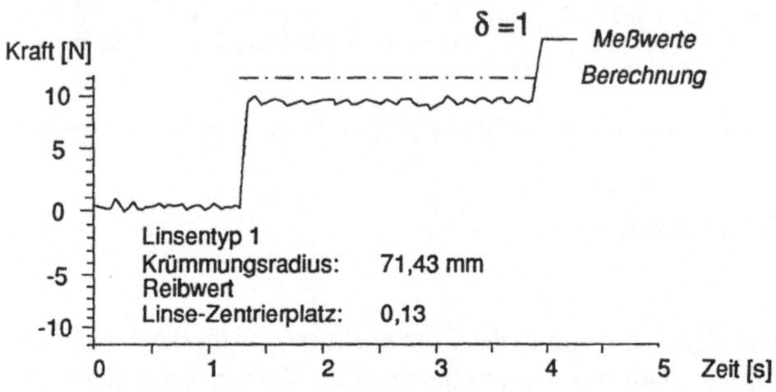

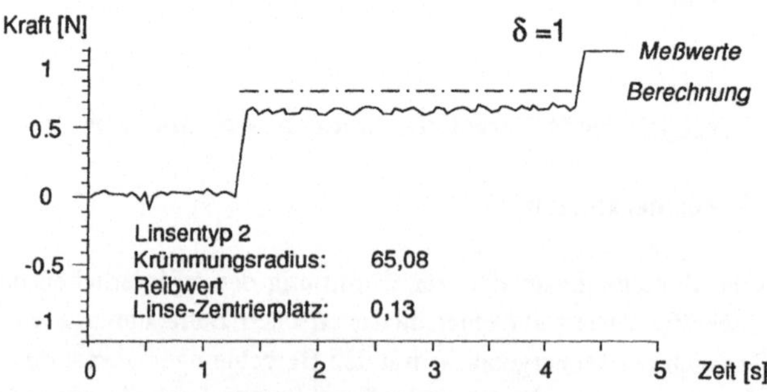

Abb. 6.9: Vergleich der Meßergebnisse beim Zentrieren

Der Abbildung kann entnommen werden, daß die theoretisch ermittelten Fügekräfte die gemessenen Werte übersteigen. Die Höhe der Abweichung beträgt für beide Varianten ca. 25 %. Da das Berechnungsmodell von idealisierten Voraussetzungen ausgeht und seine Ergebnisse demzufolge die Meßwerte nicht überschreiten dürften, muß dieser Effekt damit erklärt werden, daß die in die Berechnung einfließenden Reibwerte zu hoch angesetzt sind.

6.2.5.3 Translatorischer Fehlerausgleich

Beim translatorischen Fehlerausgleich liegen die Beträge der experimentellen Untersuchungen für Phase II ca. 30 % über den theoretisch ermittelten Werten. In Phase I stimmen die Ergebnisse der theoretischen und experimentellen Analyse nahezu überein.In Abbildung 6.10 ist der Vergleich der Untersuchungsergebnisse graphisch dargestellt.

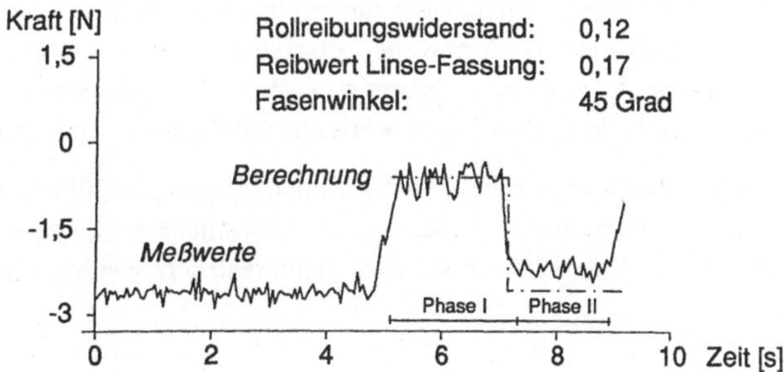

Abb. 6.10: Vergleich der Meßergebnisse bei translatorischem Fehlerausgleich

6.2.5.4 Winkelfehlerausgleich

Beim Winkelfehlerausgleich ist ein Vergleich der theoretisch und experimentellen Untersuchungen nur für die Versuchsreihen sinnvoll, in denen es zu einem 2-Punkt-Kontakt zwischen Linse und Fassung kommt. Diese Voraussetzung ist für die 2 µm-Passung und die 5 µm-Passung bei erzeugtem Winkelfehler gegeben (vgl. Abbildungen 5.10 und 5.11). Der Zweipunktkontakt ist in diesen Fällen eindeutig durch das lokale Maximum der Fügekräfte zu erkennen (vgl. Abschnitt 5.2.5.3).

In Abbildung 6.11 ist eine Gegenüberstellung der theoretisch und experimentell ermittelten Werte exemplarisch für eine 2 µm Passung und hohen Greiferunterdruck dargestellt.

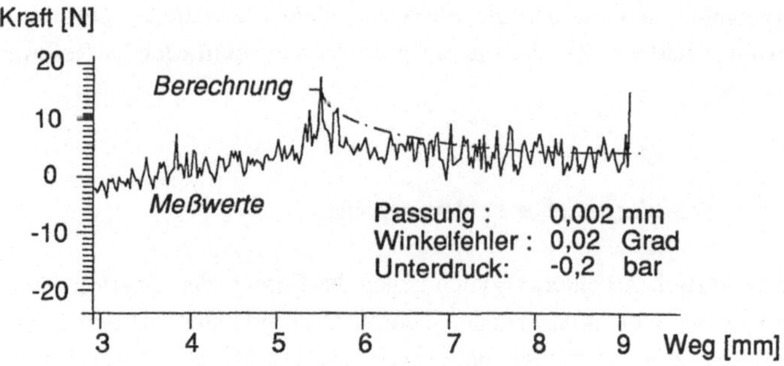

Abb. 6.11: Vergleich der Meßergebnisse beim Winkelfehlerausgleich

In der ersten Phase des Winkelfehlerausgleichs beträgt die Abweichung im Durchschnitt ca. 12 %, wobei auch hier die Meßwerte betragsmäßig höher als die berechneten Kraftwerte liegen. Die Aussagen des theoretischen Berechnungsmodells zur Beschädigung der Linsenlackschicht treffen für die Versuche mit 2 µm Passungsspiel zu.

Eine Auswertung für die zweite Phase des Winkelfehlerausgleichs, die dadurch gekennzeichnet ist, daß die Fügetiefe z größer als die Linsenhöhe h ist, kann mit den zur Verfügung stehenden Versuchswerkstücken nicht realisiert werden (vgl. Abschnitt 5.2.4.2).

6.2.6 Zusammenfassung

Die auf der Grundlage des Berechnungsmodells für die einzelnen Phasen des Montageprozesses ermittelten Kraftverläufe weisen eine Abweichung im Bereich von 10 bis 30% von den experimentell ermittelten Meßwerten auf. Mit Ausnahme der Prozeßphase Zentrieren überschreiten die Meßwerte die theoretisch ermittelten Kräfte und machen somit die Berücksichtigung von Sicherheitszuschlägen für die Prozeßüberwachung erforderlich. Diese betragen bei einer Fügegeschwindigkeit von 0,2 mm/s für den translatorischen Fehlerausgleich 30 % des theoretisch ermittelten Wertes und für die 1. Phase des Winkelfehlerausgleichs 12 %. Für die 2. Phase des Winkelfehlerausgleichs konnte mit den zur Verfügung stehenden Versuchswerkstücken keine Überprüfung des Berechnungsmodells durchgeführt werden.

6.3 Entwicklung eines Prozeßüberwachungssystems

6.3.1 Systemanforderungen

Eine beschädigungsfreie Montage optischer Linsen ist realisierbar, wenn die Fügekräfte in den einzelnen Phasen des Montageprozesses bestimmte Grenzwerte nicht überschreiten. Daraus ergeben sich an ein Prozeßüberwachungssystem folgende funktionale Anforderungen:

- In Abhängigkeit der Fügeaufgabe müssen zulässige Grenzwerte für die einzelnen Phasen des Montageprozesses ermittelt werden, deren Überschreiten auf bevorstehende Störungen hindeutet.
- Die auftretenden Fügekräfte sind meßtechnisch zu erfassen und mit den bereitgestellten Grenzwerten zu vergleichen.
- Um den der vorliegenden Fügephase entsprechenden Grenzwert bereitzustellen und bei seinem Überschreiten Einfluß auf das Bewegungsprogramm zu nehmen, muß eine Kommunikation mit der Steuerung des Industrieroboters erfolgen.
- Das Bewegungsprogramm des Industrieroboters muß auf Grenzwertüberschreitungen mit der Einleitung von Notfallstrategien reagieren.

Aus der Schnittstelle des Überwachungssystems zur Steuerung des Industrieroboters resultieren folgende Anforderungen:

- Das Überwachungssystem muß unabhängig von der eingesetzten Industrierobotersteuerung einsetzbar sein, um Einschränkungen in der Auswahl der Hardwarekomponenten zu vermeiden.
- Die erforderlichen Kommunikationsroutinen müssen einfach in das Bewegungsprogramm des Industrieroboters integrierbar sein.

Letztendlich muß das System durch einfache Interaktionsmöglichkeiten zum Anwender benutzerfreundlich gestaltet werden und somit dem Einsatz auf Werkstattebene Rechnung tragen.

6.3.2 Systemrealisierung

6.3.2.1 Hardwarestruktur

Das System wird auf einem IBM-kompatiblen Personalcomputer unter dem Betriebssystem MS-DOS implementiert. Dieser ist zur Erfassung der Meßwerte und zur Kommunikation mit der Industrierobotersteuerung mit einer Multifunktionskarte ausgestattet, die die Funktionen eines A/D-Wandlers und einer digitalen E/A-Baugruppe realisiert. Zur Kommunikation zwischen PC und Industrierobotersteuerung wird die digitale Ein-/Ausgangsebene gewählt. Da diese Kommunikationsart bei Industrierobotern zum Standart gehört, werden somit die Anforderungen an die universelle Einsatzmöglichkeit des Überwachungssystems erfüllt. Zur Meßwerterfassung und -verstärkung werden der in Abschnitt 5.2.2 beschriebene Kraftaufnehmer und Meßverstärker eingesetzt.

6.3.2.2 Softwarestruktur

Das Programmpaket wird in der Programmiersprache Turbo-Pascal der Firma Borland realisiert. Diese Hochsprache bietet gute Strukturierungsmöglichkeiten bezüglich der Modularisierung des Quellcodes.

6.3.2.3 Beschreibung des Überwachungsprogramms

Das Überwachungsprogramm PROMOS (**PRO**zeßüberwachung der **M**ontage **O**ptischer **S**ysteme) ist in vier Module untergliedert, deren Funktion und Zusammenwirken in Abbildung 6.12 dargestellt ist und im folgenden erläutert wird.

Benutzerinterface

Das Überwachungsprogramm aktiviert im ersten Schritt das Benutzerinterface. Hier wird der Anwender aufgefordert die Montageaufgabe zu definieren. Dazu werden zwei Fälle unterschieden: wurde die vorliegende Montageaufgabe bereits zu einem früheren Zeitpunkt berechnet, können die in einem Datensatz hinterlegten Grenzwerte durch Aktivieren des zugehörigen Filenamens mit den Cursortasten angewählt werden. Handelt es sich um eine neue Aufgabenstellung, wird ein Maskeneditor aufgerufen, in den der Benutzer

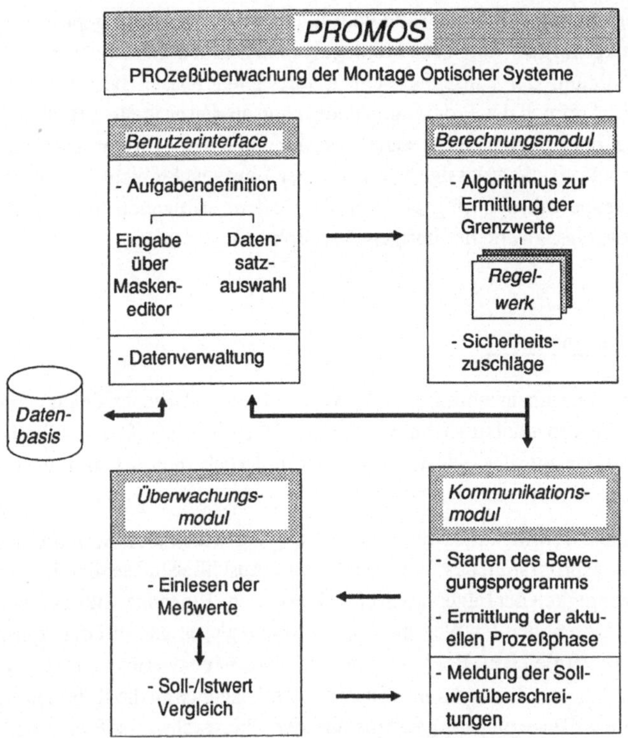

Abb. 6.12: Aufgaben und Verknüpfung der Programmodule

die benötigten Daten eintragen muß. Nach einem Plausibilitätstest, der Eingabefehler erkennt und meldet, werden die Grenzwerte unter Zugriff auf das Berechnungsmodul ermittelt. Diese können abschließend für einen späteren Zugriff in der Datenbasis abgespeichert werden.

Berechnungsmodul

Im Berechnungsmodul sind die in Kapitel 4 abgeleiteten Regeln zur Ermittlung der erforderlichen und maximal zulässigen Fügekräfte in einem Algorithmus hinterlegt.

Bei der Berechnung der Grenzwerte wird in einem ersten Schritt geprüft, ob die vorliegende Montageaufgabe durch das Montagesystem bearbeitet werden kann, indem die für die Beschädigung der Linsenlackschicht relevanten Phasen berechnet werden (vgl. 3.7.5.6). Ein Abbruch des Programmablaufs kann an dieser Stelle z.B. dadurch gegeben sein, daß bei einer vorliegenden engen Passung und hohem Greiferunterdruck die erforderliche Fügekraft die zulässige Belastung der Linsenlackschicht überschreitet. Ist die Montageaufgabe mit den eingegebenen Parametern erfolgreich durchführbar, werden zusätzlich die Grenzwerte der übrigen Prozeßphasen bestimmt.

Kommunikationsmodul

Nachdem die Aufgabenstellung definiert ist und die erforderlichen Grenzwerte berechnet sind, kann die Prozeßüberwachung erfolgen. Dazu ist eine Kommunikation mit dem Bewegungsprogramm des Industrieroboters erforderlich, die wie bereits dargestellt durch Ein-/Ausgangssignale realisiert wird.

In einem ersten Schritt startet die Überwachungssoftware durch Setzen eines Ausgangs das Bewegungsprogramm des Industrieroboters. Anschließend sendet die Robotersteuerung in Abhängigkeit der Fügephasen charakteristische Eingänge, die das Überwachungsmodul veranlassen, den Ist-Wert der Fügekraft einzulesen und mit dem entsprechenden Grenzwert zu vergleichen. Bei Überschreiten eines Grenzwertes meldet das Kommunikationsmodul diesen Zustand durch Setzen eines Ausgangs an die Robotersteuerung. Die Reaktionen des Bewegungsprogramms und der Überwachungssoftware auf diesen Zustand werden im Abschnitt 6.3.2.4 beschrieben.

Überwachungsmodul

Das Überwachungsmodul realisiert die Kommunikation des Programmpaketes mit dem A/D-Wandler der Meßkarte und führt den Soll-/Istwert Vergleich zwischen der gemessenen Fügekraft und den vorgegebenen Grenzwerten durch. Weiterhin ist in diesem Programmbaustein die Kalibrierkurve des Meßwertaufnehmers hinterlegt.

6.3.2.4 Entwicklung von Notfallstrategien

Die Überschreitung eines Grenzwertes deutet nach der in Kapitel 4 durchgeführten theoretischen Analyse der Kraftverhältnisse auf eine bevorstehende Störung im Prozeßablauf hin. Um deren Auftreten zu verhindern, ist eine sofortige Änderung im Bewegungsprogramm des Industrieroboters erforderlich. Auf Grund dieser Anforderung sieht das Prozeßüberwachungssystem Notfallroutinen vor. Für das Fügen der Linse in die Fassung wird im folgenden eine solche Routine exemplarisch beschrieben.

Das Überschreiten des Grenzwertes wird der Robotersteuerung durch Setzen eines digitalen Ausgangs mitgeteilt, den das Bewegungsprogramm interruptmäßig auswertet und die Verzweigung in eine Notfallroutine einleitet. Diese sieht vor, die Bewegung in Fügerichtung unmittelbar abzubrechen und einen Demontageversuch der Linse durchzuführen. Dabei wird das Unterdruckkraftfeld sensorisch überprüft, um das Haften der Linse am Greifer abzufragen. Liegt kein Vakuum mehr vor, muß davon ausgegangen werden, daß die Linse in der Fassung verkantet ist. In diesem Fall wird die Fassung aus dem Montageplatz entnommen und der Zyklus für ein neues Objektiv gestartet. Bleibt das Unterdruckkraftfeld bei der Demontage bestehen, wird ein erneuter Fügevorgang eingeleitet. Dabei werden die prozeßrelevanten Parameter zu Gunsten der Prozeßsicherheit verändert, indem z.B. die Fügegeschwindigkeit reduziert wird und hochfrequente Schwingungen überlagert werden.

Das Ergebnis des zweiten Fügevorgangs wird der Prozeßüberwachungssoftware auf E/A-Ebene mitgeteilt.

6.3.3 Auswirkungen der Prozeßüberwachung auf die Ausbringung des Montagesystems

Das vorgestellte Prozeßüberwachungssystem hat Einfluß auf die Ausbringung des Montagesystems, da die Zykluszeiten für die Montage einer Linse in Abhängigkeit der eingeleiteten Notfallroutinen variieren.

Diese Auswirkungen sind Gegenstand von Untersuchungen, die in Kapitel 7 durchgeführt werden.

7. Untersuchung des Betriebsverhaltens

7.1 Vorbemerkungen

Zur Realisierung flexibel automatisierter Montageanlagen müssen hohe Investitionen getätigt werden. Daher ist es erforderlich, bereits in der Planungsphase eine Beurteilung ihrer Wirtschaftlichkeit vorzunehmen (vgl. /7.1/, /7.2/). Diese wird im hohen Maße durch das zeitliche Betriebsverhalten der Anlagen und insbesondere durch Nutzungsverluste auf Grund von technischen und organisatorischen Störungen beeinflußt. Um das Betriebsverhalten beurteilen zu können, sind eine Vielzahl von Kennzahlen definiert worden, wie z.B. Zuverlässigkeit, Langlebigkeit, Instandhaltungsfähigkeit, Verfügbarkeit und Nutzungsgrad (vgl. /7.3/). Da zur Bewertung der Wirtschaftlichkeit primär das Verhältnis der theoretisch möglichen Ausbringung einer Anlage zur tatsächlich erreichten interessiert, werden zur Lösung dieser Aufgabenstellung die Kennwerte Verfügbarkeit und Nutzungsgrad bevorzugt. Diese erfassen die Stillstandszeiten auf Grund von technisch und organisatorisch bedingten Störungen.

Bei kritischen und störanfälligen Prozessen wird die Ausbringung einer Anlage wesentlich durch das Auftreten von Prozeßstörungen beeinflußt. Automatisierte Montageanlagen mit integrierter Prozeßüberwachung bieten die Möglichkeit, diese Störungen vor ihrem Auftreten zu erkennen und durch die Einleitung von Notfallstrategien zu umgehen. Durch diese Maßnahmen kann die Häufigkeit von Störungen, die zur Behebung einen Bedienereingriff erfordern, gesenkt werden. Statt dessen entstehen Nutzungszeitverluste durch den Abbruch der Montageoperationen bei erkannter Störungsgefahr und durch verlängerte Zykluszeiten. Die Zykluszeitverlängerungen resultieren dabei aus der Einleitung von Notfallroutinen, die mittels Optimierung der Prozeßparameter zu Gunsten der Prozeßsicherheit letztendlich einen erfolgreichen Abschluß der Montagetätigkeit ermöglichen.

Zielsetzung dieses Kapitels ist es, den Einfluß flexibler Notfallstrategien zur Vermeidung von Prozeßstörungen auf die Ausbringung einer Anlage durch eine Kennzahl zu erfassen und diese exemplarisch für die automatisierte Montage optischer Linsen zu ermitteln.

7.2 Definition der Kennwerte

7.2.1 Verfügbarkeit

Der Begriff Verfügbarkeit beschreibt die technische Leistungsfähigkeit einer Anlage beziehungsweise ihrer einzelnen Komponenten /7.4/. Diese Leistungsfähigkeit kann quantitativ als die Wahrscheinlichkeit definiert werden, daß zur Betrachtungszeit keine maßgebliche Störung vorliegt, die die Erfüllung der Funktion verhindert /7.5/. Das wesentliche Unterscheidungsmerkmal der im folgenden aufgeführten Definitionen besteht darin, den Zeitanteil der Ausfalldauer des Systems unterschiedlich tief aufzuschlüsseln.

So definiert Schlüter in /7.6/ die stationsorientierte Verfügbarkeit V_{Stat} als den relativen Anteil der Stations-Betriebszeit, in dem eine reparierbare Komponente ihre vorgegebenen Funktionsanforderungen erfüllt.

$$V_{Stat} = \frac{\Sigma\, TBS}{T_{Stat}} \tag{7.1}$$

V_{Stat} : Stationsorientierte Verfügbarkeit.

TBS : Time Between Serve, d.h. der Zeitraum, in dem Gutteile gefertigt werden, ohne daß ein Eingriff des Bedienpersonals vorgenommen wird oder ein Stillstand infolge einer Störung auftritt.

T_{Stat} : Stations-Betriebszeit, d.h. der Zeitraum, in dem die betrachtete Station arbeiten könnte.

Ziersch führt in /7.7/ die stationäre Verfügbarkeit bei starr verketteten Anlagen an:

$$V_{STAT} = \frac{\Sigma\, TBF}{\Sigma\, TBF + \Sigma\, TTR} \tag{7.2}$$

V_{STAT} : stationäre Verfügbarkeit

TBF : Laufdauer der Anlage.

TTR : Ausfall- bzw. Entstördauer.

Eichler teilt die Ausfall- bzw. Entstördauer in zwei Anteile auf, nämlich die instandhaltungsbedingte- und die funktionell bedingte Stillstandszeit (vgl. /7.8/).

$$V = \frac{T_{Nm}}{T_{Nm} + T_I + T_F} \tag{7.3}$$

T_{Nm} : mögliche Betriebsdauer innerhalb des Betriebsdauerintervalls T_N.

T_I : Instandhaltungsbedingte Stillstandszeit.

T_F : funktionell bedingte Stillstandszeit.

Reithofer definiert drei unterschiedliche Verfügbarkeiten, die innere technische Verfügbarkeit V_I, die eingeprägte technische Verfügbarkeit V_{I+VI} und die äußere technische Verfügbarkeit V_{I+VI+P} (vgl. /7.9/).

- innere technische Verfügbarkeit

$$V_I = \frac{T_N}{T_N + T_I} \tag{7.4}$$

V_I : innere technische Verfügbarkeit.

T_N : Nutzungszeit.

T_I : Stillstandszeit auf Grund technischer Störungen.

- *eingeprägte technische Verfügbarkeit*

$$V_{I+VI} = \frac{T_N}{T_N + T_I + T_{VI}} \tag{7.5}$$

V_{I+VI} : eingeprägte technische Verfügbarkeit.

T_N : Nutzungszeit.

T_I : Stillstandszeit auf Grund technischer Störungen.

T_{VI} : Stillstandszeit infolge vorbeugender Instandhaltungsmaßnahmen.

- *äußere technische Verfügbarkeit*

$$V_{I+VI+P} = \frac{T_N}{T_N + T_I + T_{VI} + T_P} \tag{7.6}$$

V_{I+VI+P} : äußere technische Verfügbarkeit.

T_N : Nutzungszeit.

T_I : Stillstandszeit auf Grund technischer Störungen.

T_{VI} : Stillstandszeit infolge vorbeugender Instandhaltungsmaßnahmen.

T_P : Stillstandszeit infolge von Prozeßstörungen, die einen Bedienereingriff erforderlich machen.

Die beschriebenen Verfügbarkeitsdefinitionen erfassen den Nutzungszeitanteil einer Anlage oder Anlagenkomponente in Abhängigkeit ihrer möglichen Betriebszeit und spiegeln den Anteil der Stillstandszeiten auf Grund technischer Störungen wider.

Eine Erweiterung der rein technischen Beurteilungsgröße Verfügbarkeit stellt die Kennzahl Nutzungsgrad dar, die im folgenden Abschnitt vorgestellt wird.

7.2.2 Nutzungsgrad

Der Nutzungsgrad einer Anlage oder Anlagenkomponente berücksichtigt neben den rein technischen Störungen zusätzlich den Einfluß organisatorischer Stillstandszeiten. Diese resultieren beispielsweise aus:

- fehlendem oder unzureichend qualifiziertem Personal,
- fehlendem oder qualitativ unzureichendem Material,
- fehlenden Arbeitsunterlagen und Arbeitsmitteln,
- fehlenden oder unzureichenden Transportmitteln
- und unzureichender Instandhaltung.

Wie bei der Kennzahl Verfügbarkeit existieren in der Literatur auch für den Nutzungsgrad mehrere Definitionen.

So definiert Wiendahl in /7.10/ den Nutzungsgrad NG als das Verhältnis der realisierten- zur möglichen Stückzahlausbringung eines Systems.

Schlüter legt in /7.6/ eine zeitbezogene Definition des Nutzungsgrades fest:

$$N = \frac{\Sigma \, TBS}{T_{Syst}} \tag{7.7}$$

N : Nutzungsgrad.

TBS : Time Between Serve, d.h. der Zeitraum, in dem Gutteile gefertigt werden, ohne daß ein Eingriff des Bedienpersonals vorgenommen wird oder ein Stillstand infolge einer Störung auftritt.

T_{Syst} : System-Betriebszeit, d.h. der Zeitraum, in dem das Gesamtsystem arbeiten könnte.

Eine ebenfalls zeitbezogene Definition liefert Reithofer, der den Nutzungsgrad folgendermaßen beschreibt (vgl. /7.9/):

$$NG = \frac{T_N}{T_N + T_I + T_{VI} + T_P + T_O} \qquad (7.8)$$

NG : Nutzungsgrad.

T_N : Nutzungszeit.

T_I : Stillstandszeit auf Grund technischer Störungen.

T_{VI} : Stillstandszeit infolge vorbeugender Instandhaltungsmaßnahmen.

T_P : Stillstandszeit infolge von Prozeßstörungen, die einen Bedienereingriff erforderlich machen.

T_O : Stillstandszeiten infolge organisatorischer Störungen sowie persönlich bedingtes Unterbrechen.

Die beschriebenen Verfügbarkeits- und Nutzungsgraddefinitionen erfassen den Anteil der Nutzungszeit einer Anlage bzw. eines Systems an der möglichen Stations- bzw. Systembetriebszeit, die in Abhängigkeit der getroffenen Definition unterschiedlich stark untergliedert wird. In Abbildung 7.1 sind beispielhaft die Zeitanteile der Verfügbarkeit bezogen auf die Definition nach Gleichung 7.6 dargestellt.

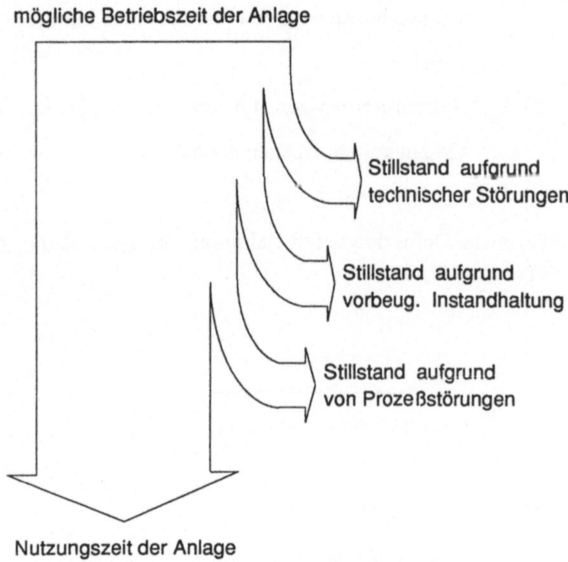

Abb. 7.1: Stillstandszeitanteile der Anlagennutzungszeit /nach 7.9/

Von der möglichen Betriebszeit der Anlage stehen die Stillstandszeiten auf Grund technischer Störungen, vorbeugender Instandhaltung und Prozeßstörungen für die Anlagennutzung nicht zur Verfügung.

Automatisierte Montageanlagen mit integrierter Prozeßüberwachung bieten die Möglichkeit durch Überwachung der kritischen Prozeßparameter und flexiblen Zugriff auf Notfallroutinen die Häufigkeit von Prozeßstörungen, die einen Bedienereingriff erforderlich machen, zu reduzieren. Dadurch wird zum einen der Anteil der prozeßbedingten Stillstandszeiten (vgl. Abbildung 7.1) reduziert, andererseits aber auf Grund variabler Zykluszeiten die Ausbringung der Anlage bzw. des Systems während der Nutzungszeit beeinflußt. So entstehen beispielsweise Ausbringungsverluste dadurch, daß sich die minimale Zykluszeit für Zyklen, in deren Verlauf Notfallroutinen eingeleitet werden, um deren Zeitdauer erhöht. Dieser Einfluß wird durch die oben genannten Definitionen nicht erfaßt. Daher wird im folgenden Abschnitt der Kennwert Prozeßverfügbarkeit definiert.

7.2.3 Prozeßverfügbarkeit

Die Prozeßverfügbarkeit V_{Pr} wird als das Verhältnis der Prozeßnutzungszeit T_{NPr} zur Nutzungszeit T_N definiert.

Unter der Prozeßnutzungszeit T_{NPr} ist die Laufdauer einer Anlage zu verstehen, während der sie mit optimalem Prozeßverlauf arbeitet, d.h. alle Montagezyklen die minimale Taktzeit aufweisen.

Die Nutzungszeit T_N setzt sich mit Bezug auf Abbildung 7.2 aus den Zeitanteilen T_{NPr}, T_{Ab} und T_{Nr} zusammen.

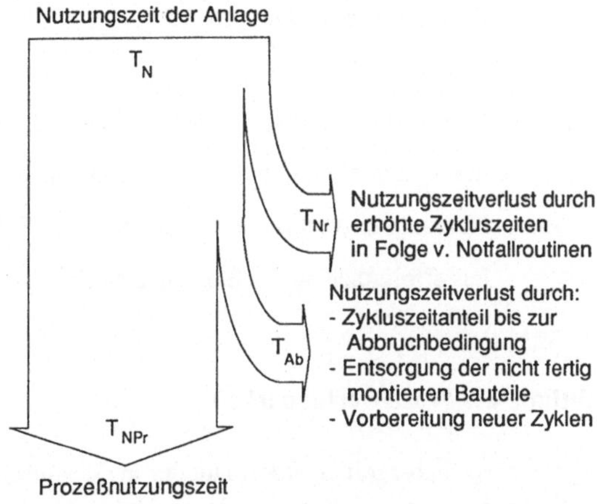

Abb 7.2: Nutzungszeitverluste durch variable Zykluszeiten und abgebrochene Montagezyklen

T_{Ab} beschreibt die Nutzungszeitverluste aus Montagezyklen, die als nicht erfolgreich montierbar erkannt und daher abgebrochen werden müssen und beinhaltet folgende Zeitanteile:

- Zykluszeitanteil bis zum Erkennen der Abbruchbedingung,
- Zeitanteil zur Entsorgung der nicht fertig montierten Bauteile,
- Zeitanteil zur Vorbereitung des neuen Montagezyklus.

T_{Nr} beinhaltet die Nutzungszeitverluste, die auf erhöhte Zykluszeiten in Folge von erfolgreich abgeschlossenen Notfallroutinen zurückzuführen sind.

Die Gleichung zur Beschreibung der Prozeßverfügbarkeit V_{Pr} lautet somit:

$$V_{Pr} = \frac{T_{NPr}}{T_N} = \frac{T_{NPr}}{T_{NPr} + T_{Ab} + T_{Nr}} \tag{7.9}$$

T_{NPr} : Prozeßnutzungszeit, d.h. die Zeit in der die Anlage mit optimalem Prozeßverlauf arbeitet.

T_N : Nutzungszeit.

T_{Ab} : Nutzungszeitverluste aus Montagezyklen, die als nicht montierbar erkannt und daher abgebrochen werden.

T_{Nr} : Nutzungszeitverluste auf Grund erhöhter Zykluszeiten, die aus erfolgreich abgeschlossenen Notfallroutinen resultieren.

7.3 Ermittlung des Prozeßverfügbarkeit

Die Ermittlung der Prozeßverfügbarkeit erfordert laut der in Gleichung 7.9 getroffenen Definition, daß die Prozeßnutzungszeit T_{NPr} sowie die Nutzungszeitverluste T_{Ab} und T_{Nr} bestimmt werden. Dies erfolgt mittels Durchführung von Montageversuchen an dem im Kapitel 5 beschriebenen Pilotaufbau. Da die Passung das Betriebsverhalten der Anlage beeinflußt, werden die Versuche getrennt für Linsen-Fassungskombinationen mit 2 und 5 µm Spiel durchgeführt. Dabei werden jeweils 200 Montagezyklen abgearbeitet.

In Abbildung 7.3 ist eine Übersicht der ermittelten Zykluszeitverteilung für die untersuchten Passungsspiele dargestellt.

Bei einem Passungsspiel von 5 µm konnten alle Montageversuche ohne Einleitung einer Notfallstrategie erfolgreich gefügt werden, so daß die Prozeßverfügbarkeit 100 % beträgt. Bei 2 µm Passungsspiel wurden 197 Montagezyklen mit minimaler Zykluszeit abgeschlossen, ein Montagezyklus durchlief erfolgreich eine Notfallroutine mit erhöhter

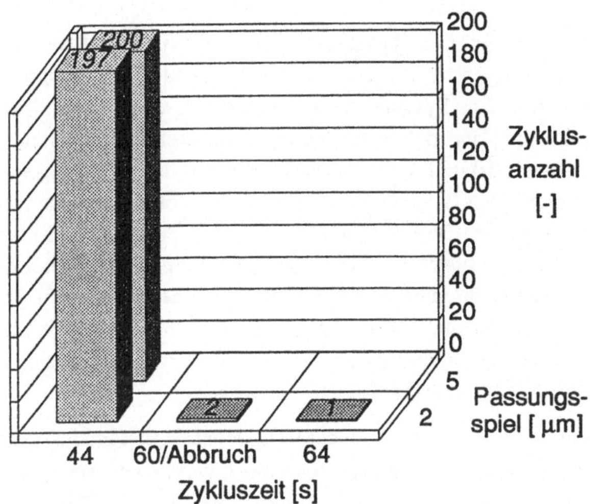

Abb. 7.3: Zykluszeitverteilung in Abh. des Passungsspiels

Zykluszeit und zwei Montagezyklen mußten abgebrochen werden, da wiederholt eine Prozeßstörung auftrat.

Aus Abbildung 7.3 kann die minimale Zykluszeit bei optimalem Prozeßablauf zu 44 Sekunden ermittelt werden. Für die Versuchsreihen mit 2 μm Passungsspiel ergibt sich somit die Prozeßnutzungszeit T_{NPr} aus dem Produkt der minimalen Zykluszeit und der Versuchsanzahl erfolgreich abgeschlossener Zyklen zu 8712 Sekunden und der Nutzungszeitverlust T_{Nr} auf Grund erhöhter Zykluszeiten zu 20 Sekunden.

Der Nutzungszeitverlust T_{Ab} setzt sich aus dem bis zum Abbruch benötigten Zeitanteil für abgebrochene Montagezyklen und den Zeitanteilen zusammen, die der Entsorgung der nicht fertig montierten Bauteile und der Vorbereitung neuer Montagezyklen dienen. Die bis zum Abbruch benötigten Zykluszeiten betragen für die Versuchsreihe mit 2 μm Passungsspiel 120 Sekunden, da zwei Versuche nach 60 Sekunden beendet wurden.

Der zur Entsorgung des nicht fertig montierten Bauteils und der Vorbereitung eines neuen Montagezyklus dienende Zeitanteil kann am Pilotaufbau nicht ermittelt werden, da ein Fassungshandling hier nicht möglich ist. Daher wird eine Zellensimulation durchgeführt, um diesen Anteil zu bestimmen.

7.3.1 Montagezellensimulation

Als Simulationssystem wird das Programmpaket COSIRO (**CO**mputer **SI**mulation for **RO**bot applications) eingesetzt, das zur Einsatzplanung und Offline-Programmierung von Industrierobotern dient. Die Systemhardware besteht aus einem Graphikrechner PS 390 der Fa. Evans and Sutherland, der die Bewegungen von dreidimensionalen Strukturen am Bildschirm in Echtzeit darstellt und einer MicroVAX II, in der das eigentliche Simulationsprogramm abläuft. Als Benutzerschnittstellen stehen ein alphanumerisches Terminal zur textuellen Eingabe, ein Drehgeber und ein Maustablett zur graphischen Interaktion zur Verfügung. COSIRO bietet die Möglichkeit, die geometrische Anordnung der Zellenkomponenten graphisch unterstützt vorzunehmen, einen geeigneten Roboter für die Applikation auszuwählen und Offline zu programmieren, sowie die Richtigkeit der erstellten Programme zu überprüfen und ihren Ablauf in Echtzeit am Bildschirm zu visualisieren (vergl. /7.11, 7.12/).

Um den Zeitanteil zur Entsorgung der nicht fertig montierten Bauteile und der Vorbereitung neuer Montagezyklen zu ermitteln, wird das Layout einer Anlage erstellt, mit der die Montage des in den Versuchen verwendeten Objektives simuliert werden kann. Sie besteht aus zwei Palettenwechslern, die zur Bereitstellung der Linsen und Fassungen dienen, einem Bosch Turboscara als Industrieroboter, zwei Montagevorrichtungen für die Linsen, einem Zentrierplatz, einer Vorrichtung zum Einklipsen von Befestigungselementen und einem Greiferbahnhof. Das Layout der Zelle ist in der Abbildung 7.4 dargestellt.

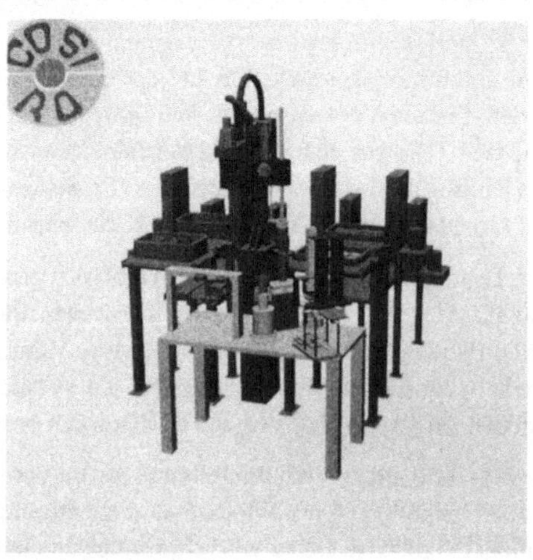

Abb. 7.4: Layout der Montagezelle

Im Greiferbahnhof befinden sich drei Effektoren, die unterschiedliche Aufgaben erfüllen. Der Linsengreifer dient zur Entnahme der Linsen aus den Paletten, dem definierten Greifen am Zentrierplatz und schließlich dem Fügen der Linsen in den Montagevorrichtungen. Der Fassungsgreifer entnimmt die Fassungen aus den Paletten und bestückt die Montagevorrichtungen. Der Zangengreifer mit Schwenkmodul führt die Wendeoperation der Fassungen aus, die zur beidseitigen Montage der Linsen erforderlich sind.

Im zweiten Schritt wird ein Bewegungsprogramm für die Montageaufgabe erstellt, das als Unterprogramm die Notfallroutine beinhaltet, die zur Ermittlung des gesuchten Zeitanteils benötigt wird. In Abbildung 7.5 sind vier charakteristische Phasen dieser Notfallroutine dargestellt.

Abb. 7.5: Phasen der Notfallroutine

a) Erkennen der Prozeßstörung *b) Greiferwechsel*

c) Palettenentnahme *d)Weiterführen des Montageprozesses*

Bei Erkennen einer nicht fertig montierbaren Linse durch die Prozeßüberwachung muß zunächst der Fassunggreifer aufgenommen werden, um das in Arbeit befindliche Objektiv zu entnehmen und in die Palette zurückzustellen. Anschließend wird eine neue Fassung an den Montageplatz gebracht und der Linsengreifer zum Fortführen der Linsenmontage aufgenommen. Der Zeitanteil zur Durchführung der Entsorgung und der Vorbereitung eines neuen Montagezyklus bis zu dessen Zyklusbeginn kann durch die Simulation zu 54 Sekunden ermittelt werden .

7.3.2 Ergebnisse

Nachdem der fehlende Zeitanteil zur Bestimmung des Nutzungszeitverlustes T_{Ab} bestimmt ist, kann die Prozeßverfügbarkeit nach Gleichung 7.9 berechnet werden. Sie ergibt sich für die 2 µm-Passung zu 97,2 % und für die 5 µm-Passung wie bereits in Abschnitt 7.3 erwähnt zu 100 %.

8. Zusammenfassung

Die Montage hochwertiger optischer Systeme erfolgt zur Zeit noch weitgehend manuell und beansprucht einen erheblichen Anteil an der Gesamtfertigungszeit der Produkte. Als maßgebliches Automatisierungshemmnis muß wie bei vielen komplexen Montageaufgaben das fehlende Wissen über das Verhalten der beteiligten Bauelemente im Prozeß genannt werden. Zusätzlich stellen automatisierte Arbeitsplätze komplexe Gesamtsysteme aus vielen Teilkomponenten dar, die systematisch geplant werden müssen.

Im Rahmen dieser Arbeit werden Grundsatzuntersuchungen zu den Teilfunktionen des Montageprozesses durchgeführt und Möglichkeiten für die automatisierte Montage von optischen Linsen aufgezeigt.

Basierend auf einem Prozeßmodell der Montageaufgabe wird durch den Einsatz einer Planungsmethodik systematisch ein Montagesystem entwickelt, das zur Lösung der gestellten Aufgabe geeignet ist. Dabei wird versucht, die Zielsetzung durch ein möglichst einfaches Fügekonzept ohne den Einsatz aufwendiger Sensorik zu erreichen. Den Anforderungen an eine gleichbleibende Qualität des Produktes und der Beschädigungsgefahr der hochempfindlichen Linsen beim Fügeprozess wird durch die Entwicklung eines Prozeßüberwachungskonzeptes Rechnung getragen.

Durch die analytische Beschreibung eines Berechnungsmodells für die einzelnen Teilfunktionen des Montageprozesses wird der funktionale Zusammenhang der auftretenden Fügekräfte mit den beeinflussenden Parametern bestimmt.

Um das Montagesystem zu erproben und die Ergebnisse der theoretischen Analyse zu überprüfen, wird an einem Pilotaufbau eine experimentelle Prozeßanalyse durchgeführt. Hierbei werden für unterschiedliche Linsenbauformen die erforderlichen Fügekräfte meßtechnisch ermittelt, eine Optimierung der theoretisch nicht erfaßten Prozeßparameter durchgeführt und die Prozeßüberwachungssoftware ausgetestet. Zusätzlich wird der Einfluß von Schwingungsüberlagerungen auf den Fügeprozeß analysiert. Dabei kann nachgewiesen werden, daß die Fügestrategie des entwickelten Montagesystems geeignet ist, Linsen bis zu einem Passungspiel von 2 µm nahezu kraftfrei zu fügen. Der Vergleich der meßtechnisch erfaßten Kraftwerte mit den theoretisch ermittelten erbringt den Nachweis der Richtigkeit des Berechnungsmodells, da lediglich Abweichungen im Bereich von 10 bis 30 % zu verzeichnen sind.

Automatisierte Montageanlagen erschließen die Möglichkeit, Störungen im Montageablauf so frühzeitig zu erkennen, daß bereits vor ihrem Auftreten geeignete Notfallstrategien eingeleitet werden können. Um den Einfluß dieser Maßnahmen auf die Ausbringung der

Anlagen zu beschreiben, wird die Prozeßverfügbarkeit als klassifizierende Kennzahl definiert. Abschließend wird dieser Kennwert am Pilotaufbau für die automatisierte Montage optischer Linsen in Abhängigkeit des Passungsspiels ermittelt. Die Prozeßverfügbarkeit beträgt bei 5 µm Passungsspiel 100 %, da keine Nutzungsausfälle zu verzeichnen sind, und bei 2 µm 97,2 %.

Die automatisierte Montage optischer Linsen bietet somit die Möglichkeit, engste Passungsspiele bei gleichbleibender Qualität mit hoher Prozeßverfügbarkeit zu fügen und somit das vorhandene Rationalisierungspotential im Montagebereich auszuschöpfen.

9. Literatur

1.1 ***Milberg J.:*** Wettbewerbsvorteile durch Stärkung der Integration. Tagungsband Münchener Kolloquium , München, 1988.

1.2 ***Milberg J.:*** Optimierung der Montagetechnik durch rechnerunterstützte Planungssysteme. Tagungsband "Produktionstechnisches Kolloquium", Berlin, 1986.

2.1 ***N.N.:*** DIN 58170 Teil 52: Zeichnungsangaben für Optiksysteme. Beuth Verlag, Berlin, Köln, 1975.

2.2 ***Hanke P.:*** Verfahren zur Montage hochwertiger optischer Systeme. Bericht T 78-19 des BMFT, 1977.

2.3 ***Schmidbauer G.:*** Zentrierung und Montage optischer Bauteile. Feinwerktechnik & Meßtechnik 95 (1987) 4, Carl Hanser Verlag, München.

2.4 ***Bleyer R., Eberhardt N.:*** Optische Sensorbaugruppe für die Montagetechnologie von Objektiven. Feingerätetechnik, Berlin 37 (1988) 2.

2.5 ***Böswetter G., Denzin K., Hennecke D.:*** Handhaben von Linsen mit Vakuumgreifern. Feingerätetechnik, Berlin 37 (1988) 6.

3.1 ***N.N.:*** VDI-Richtlinie 2221: Methodik zum Entwickeln und Konstruieren technischer Systeme und Produkte.

3.2 ***N.N.:*** DIN 66201 T1: Prozeßrechensysteme.

3.3 ***Diess H.:*** Rechnerunterstützte Entwicklung flexibel automatisierter Montageprozesse. iwb Forschungsberichte Bd. 11, Springer Verlag, Berlin, Heidelberg, 1988.

3.4 ***N.N.:*** VDI-Richtlinie 2860, Blatt 1: Handhabungsfunktionen, Handhabungseinrichtungen, Begriffe, Definitionen, Symbole. Beuth Verlag, Berlin, Köln, 1982.

3.5 ***Lotter B.:*** Umrüstbare Montagezellen, eine Chance für die Flexibilisierung der Kleinteilemontage. Tagungsband Münchener Kolloquium , München, 1988.

3.6 ***N.N.:*** VDI-Richtlinie 2860, Blatt 2: Montagefunktionen - Begriffe, Symbole, Definitionen. Beuth Verlag, Berlin, Köln, 1984.

3.7 ***Walther J.:*** Montage großvolumiger Produkte mit Industrierobotern. IPA-IAO Forschung und Praxis Bd. 88. Springer Verlag, Berlin, Heidelberg, 1985.

3.8 ***Volmer J.:*** Industrieroboter Entwicklung. Hüthig Verlag, Heidelberg, 1984.

3.9 *Jacobi P.:* Fügemechanismen für die automatische Montage mit Industrierobotern. Wissenschaftliche Schriftenreihe der Technischen Hochschule Karl-Marx-Stadt, 11/1982.

3.10 *N.N.:* DIN 8593: Fertigungsverfahren Fügen. Beuth Verlag, Berlin, Köln, 1985.

3.11 *N.N.:* DIN 58170 Teil 54 : Maß- und Toleranzangaben für optische Systeme. Beuth Verlag , Berlin, Köln, 1980.

3.12 ***Warnecke H.-J., Weiss K.:*** Katalog Zubringeeinrichtungen. Krausskopf Verlag, Mainz, 1978.

3.13 ***Zipse T.:*** Konzeption und Auswahl modularer Magazinpaletten. IPA-IAO Forschung und Praxis Bd. 100, Springer Verlag, Berlin, Heidelberg, 1987.

3.14 *N.N.:* VDI-Richtlinie 2225: Technisch-wirtschaftliches Konstruieren, technisch-wirtschaftliche Bewertung. Beuth Verlag, Berlin, 1990.

3.15 ***Reinhart G.:*** Flexible Automatisierung der Konstruktion und Fertigung elektrischer Leitungssätze. iwb Forschungsberichte Bd. 12, Springer Verlag, Berlin, Heidelberg, 1988.

3.16 ***Simunovic S. N.:*** Parts mating theory for robot assembly. Proceedings of the 9th ISIR, Washington, 1979.

3.17 ***Warnecke H.-J., Schweizer M., Schöninger J.:*** Musterverarbeitung mit taktilen Sensoren - Konzept eines Modularen Aktiven Greifer-/Sensorsystems (MAGS). Robotersysteme 3, 65-72 (1987), Springer Verlag.

3.18 ***Niederstadt J.:*** Damit der Roboter nicht ins Leere greift. Roboter 2/85, Verlag Moderne Industrie, Landsberg.

3.19 ***Warnecke H.-J., Schraft R. D.:*** Industrieroboter, Krausskopf Verlag, 1979.

3.20 ***Goto T., Inoyama T.:*** Precise Insert Oparation by taktile controlled Robot HI-T-Hand. 4th ISIR, 1974.

3.21 ***Dillmann R., Hugel Th., Meier W.:*** Ein sensorintegrierter Greifer als modulares Teilsystem für Montageroboter. Robotersysteme 2 (1986), Springer Verlag.

3.22 ***Schlaich G., Gweon D., Cho H.-S.:*** Industrieroboter mit taktilen Sensoren zur Kontaktteilmontage. Werkstattstechnik 77 (1987) 671-674, Springer Verlag.

3.23 ***McCallion H.:*** Aids for Automatic Assembly. Proceedings of the 1st IFS Conference, Brighton, 1980.

3.24 *Nevins J. L., Whitney E.:* Computer controlled Assembly. Scientific American 238 (1978) 2, S.62-74.

3.25 *Nevins J. L., Whitney E.:* Assembly Research. The Industrial Robot (1980), Vol. 7, No.1, S. 27-43.

3.26 *Whitney D. E.:* What is a Remote Center Compliance and what can it do. 9th ISIR, Washington, 1979, S. 135-152.

3.27 *Lane J. D.:* Evaluation of a remote center compliance device. Assembly Automation, 1980.

3.28 *de Fazio T. L.:* Displacement - State Monitoring for the Remote Center Compliance, Realizations and Applications. 10th ISIR, Mailand, 1980.

3.29 *de Fazio T. L.:* The Instrumented Remote Center Compliance. The Industrial Robot, 1984.

3.30 *Becker:* Sehr fortgeschrittene Handhabungssysteme. Fachberichte Messen, Steuern, Regeln, Springer Verlag, Berlin, Heidelberg,1984.

3.31 *Spur G., Seliger G., Furgac I.:* Sensorunterstütztes Montagesystem, Robotersysteme 2 (1986), Springer Verlag.

3.32 *Gebauer L.:* Montage im µm-Bereich. Die neue Fabrik. mi-Sonderpublikation, Verlag Moderne Industrie, Landsberg, 1991.

3.33 *N.N.:* Hauptkatalog Fa. Festo Pneumatik, 25. Auflage.

3.34 *Gweeon D.:* Fügen von biegeschlaffen Steckkontakten mit Industrierobotern. IPA-IAO Forschung und Praxis Bd. 107. Springer Verlag, Berlin, Heidelberg, 1987.

4.1 *Stachowiak H.:* Allgemeine Modelltheorie. Springer Verlag, Wien, New York, 1973.

4.2 *Magnus K., Müller H.H.:* Grundlagen der technischen Mechanik. Teubner Verlag, Stuttgart, 1979.

4.3 *Beitz W., Küttner K.-H. (Hrsg):* Dubbel, Taschenbuch für den Maschinenbau. Springer Verlag, Berlin, Heidelberg, 1987.

4.4 *Makino H., Furuya N.:* Selective Compliance Assembly Robot Arm. Proceedings of the 1st International Conference on Assembly Automation, Brighton, 1980.

4.5 *Maier C.:* Montageautomatisierung am Beispiel des Schraubens mit Industrierobotern. iwb Forschungsberichte Bd. 3, Springer Verlag, Berlin, Heidelberg, 1986.

4.6 ***Arai T.:*** Application of knowledge engineering on automatic assembly of parts with compliant shapes, Proceedings of the 6th International Conference on Assembly Automation, Birmingham, 1985.

4.7 ***Watson P.:*** The remote center compliance system and its application to high speed robot assemblies. Society of technical engineers, Paper-Nr. AD77-718, 1977.

4.8 ***Arai T., Kinoshita N.:*** The part mating forces that arise when using a worktable with compliance. Assembly Automation, 1981.

4.9 ***Simunovic S.N.:*** Force Information in Assembly Porcesses. Proceedings of the 5th International Symposium on Industrial Robots, Chicago, 1975.

4.10 ***Nevins J., Whitney D.E.:*** Exploratory Research in Industrial Modular Assembly. Charles Stark Draper Laboratory Report R-1111, MIT, 1976.

4.11 ***Pham D.T.:*** On Designing Components for Automatic Assembly. Proceedings of the 3rd ICAA, Böblingen, 1982.

4.12 ***Bronstein I., Semendjajew K.:*** Taschenbuch der Mathematik. Verlag Harri Deutsch, Thun, 1976.

6.1 *N.N.:* Grundwissen des Ingenieurs. VEB Fachbuchverlag Leipzig, 1982.

6.2 *N.N:* DIN 50986: Messung von Schichtdicken - Verfahren zur Messung der Dicke von Anstrichen und ähnlichen Schichten. Beuth Verlag, Berlin, Köln, 1979.

6.3 *N.N:* DIN 53152: Prüfung von Anstrichstoffen und ähnlichen Beschichtungsstoffen - Dornbiegeversuch. Beuth Verlag, Berlin, Köln, 1971.

6.4 *N.N:* DIN 53153: Prüfung von Anstrichstoffen und ähnlichen Beschichtungsstoffen - Eindruckversuch nach Buchholz. Beuth Verlag, Berlin, Köln, 1977.

6.5 *N.N:* DIN 53151: Prüfung von Anstrichstoffen und ähnlichen Beschichtungsstoffen - Gitterschnittprüfung. Beuth Verlag, Berlin, Köln, 1981.

6.6 *N.N:* DIN 53230: Bewertungssystem für die Auswertung von Prüfungen. Beuth Verlag, Berlin, Köln, 1983.

7.1 ***Blohm H., Lüder K.:*** Investition. Verlag Franz Vahlen, München 1983.

7.2 ***Heinen E.:*** Industriebetriebslehre. Verlag Dr. Th. Gabler, Wiesbaden, 1983.

7.3 ***Reisch D.:*** Die Berücksichtigung der Zuverlässigkeits- und Verfügbarkeitsanforderungen bei der Planung von Maschinensystemen. Dissertation an der Universität Hannover, 1978.

7.4 ***Wiendahl H.P., Schulz S.:*** Ausbringung automatischer Montageanlagen. Montage 3/89, Verlag Moderne Industrie, Landsberg.

7.5 *N.N.:* VDI-Richtlinie 4004: Verfügbarkeitskenngrößen. VDI-Verlag, Düsseldorf, 1986.

7.6 ***Schlüter K.:*** Nutzungsgradsteigerung von Montagesystemen durch den Einsatz der Simulationstechnik. Carl Hanser Verlag, München, Wien, 1989.

7.7 ***Ziersch W.D.:*** Strategien zur Leistungssteigerung von automatischen Montageanlagen durch zuverlässige Zuführsysteme. Fortschrittsberichte VDI Reihe 2 Nr. 85.

7.8 ***Eichler C.:*** Instandhaltungstechnik. Verlag TÜV Rheinland, 4. Auflage, 1985.

7.9 ***Reithofer N.:*** Nutzungssicherung von flexibel automatisierten Produktionsanlagen. iwb Forschungsberichte Bd. 10, Springer Verlag, Berlin, Heidelberg, 1987.

7.10 ***Wiendahl H.P.:*** Nutzungsverbesserung flexibel automatisierter Montageanlagen. IFA, 1988.

7.11 ***Wrba P.:*** Simulation als Werkzeug in der Handhabungstechnik. iwb Forschungsbericht Bd. 25, Springer Verlag, Berlin, Heidelberg, 1990.

7.12 ***Milberg. J., Wrba P.:*** Roboter-Einsatzplanung und Offline-Programmierung mit USIS. ZwF- CIM 81, Nr.9 (1986), Carl Hanser Verlag, München.

iwb Forschungsberichte

Berichte aus dem Institut für Werkzeugmaschinen und Betriebswissenschaften der Technischen Universität München

Herausgeber: Prof. Dr.-Ing. J. Milberg

---

1 **Streifinger, E.**
Beitrag zur Sicherung der Zuverlässigkeit und Verfügbarkeit moderner Fertigungsmittel
1986. 72 Abb. 167 Seiten, ISBN 3-540-16391-3 — 68,- DM

2 **Fuchsberger, A.**
Untersuchung der spanenden Bearbeitung von Knochen
1986. 90 Abb. 175 Seiten, ISBN 3-540-16392-1 — 68,- DM

3 **Maier, C.**
Montageautomatisierung am Beispiel des Schraubens mit Industrierobotern
1986. 77 Abb. 144 Seiten, ISBN 3-540-16393-X — 68,- DM

4 **Summer, H.**
Modell zur Berechnung verzweigter Antriebsstrukturen
1986. 74 Abb. 197 Seiten, ISBN 3-540-16394-8 — 68,- DM

5 **Simon, W.**
Elektrische Vorschubantriebe an NC-Systemen
1986. 141 Abb. 198 Seiten, ISBN 3-540-16693-9 — 68,- DM

6 **Büchs, S.**
Analytische Untersuchungen zur Technologie der Kugelbearbeitung
1986. 74 Abb. 173 Seiten, ISBN 3-540-16694-7 — 68,- DM

7 **Hunzinger, I.**
Schneiderodierte Oberflächen
1986. 79 Abb. 162 Seiten, ISBN 3-540-16695-5 — 68,- DM

8 **Pilland, U.**
Echtzeit-Kollisionsschutz an NC-Drehmaschinen
1986. 54 Abb. 127 Seiten, ISBN 3-540-17274-2 — 68,- DM

9 **Barthelmeß, P.**
Montagegerechtes Konstruieren durch die Integration von Produkt- und Montageprozeßgestaltung
1987. 70 Abb. 144 Seiten, ISBN 3-540-18120-2 — 68,- DM

10 **Reithofer, N.**
Nutzungssicherung von flexibel automatisierten Produktionsanlagen
1987. 84 Abb. 176 Seiten, ISBN 3-540-18440-6 — 68,- DM

11 **Diess, H.**
Rechnerunterstützte Entwicklung flexibel automatisierter Montageprozesse
1988. 56 Abb. 144 Seiten, ISBN 3-540-18799-5 — 73,- DM

12 **Reinhart, G.**
Flexible Automatisierung der Konstruktion
und Fertigung elektrischer Leitungssätze
1988, 112 Abb. 197 Seiten, ISBN 3-540-19003-1 73,- DM

13 **Bürstner, H.**
Investitionsentscheidung in der rechnerintegrierten Produktion
1988, 77Abb. 190 Seiten, ISBN 3-540-19099-6 73,- DM

14 **Groha, A.**
Universelles Zellenrechnerkonzept für flexible Fertigungssysteme
1988, 74 Abb. 153 Seiten, ISBN 3-540-19182-8 73,- DM

15 **Riese, K.**
Klipsmontage mit Industrierobotern
1988, 92 Abb. 150 Seiten, ISBN 3-540-19183-6 73,- DM

16 **Lutz, P.**
Leitsysteme für rechnerintegrierte Auftragsabwicklung
1988, 44 Abb. 144 Seiten, ISBN 3-540-19260-3 73,- DM

17 **Klippel, C.**
Mobiler Roboter im Materialfluß eines flexiblen Fertigungssystems
1988, 86 Abb. 164 Seiten, ISBN 3-540-50468-0 73,- DM

18 **Rascher, R.**
Experimentelle Untersuchungen zur Technologie der Kugelherstellung
1989, 110 Abb. 200 Seiten, ISBN 3-540-51301-9 73,- DM

19 **Heusler, H.-J.**
Rechnerunterstützte Planung flexibler Montagesysteme
1989, 43 Abb. 154 Seiten, ISBN 3-540-51723-5 73,- DM

20 **Kirchknopf, P.**
Ermittlung modaler Parameter aus Übertragungsfrequenzgängen
1989, 57 Abb. 157 Seiten, ISBN 3-540-51724 73,- DM

21 **Sauerer, Ch.**
Beitrag für ein Zerspanprozeßmodell Metallbandsägen
1990, 89 Abb. 166 Seiten, ISBN 3-540-51868-1 78,- DM

22 **Karstedt, K.**
Positionsbestimmung von Objekten in der Montage-
und Fertigungsautomatisierung
1990, 92 Abb. 157 Seiten, ISBN 3-540-51879-7 78,- DM

23 **Peiker, St.**
Entwicklung eines integrierten NC-Planungssystems
1990, 66 Abb. 180 Seiten, ISBN 3-540-51880-0 78,- DM

24 **Schugmann, R.**
Nachgiebige Werkzeugaufhängungen für die automatische Montage
1990. 71 Abb. 155 Seiren, ISBN 3-540-52138-0 78,- DM

25 Wrba, P
Simulation als Werkzeug in der Handhabungstechnik
1990, 125 Abb., 178 Seiten, ISBN 3-540-52231-X 78,- DM

26 Eibelshäuser, P.
Rechnerunterstützte experimentelle Modalanalyse
mitells gestufter Sinusanregung
1990, 79 Abb., 156 Seiten, ISBN 3-540-52451-7 78,- DM

27 Prasch, J.
Computerunterstützte Planung von chirurgischen Eingriffen
in der Orthopädie
1990, 113 Abb., 164 Seiten, ISBN 3-540-52543-2 78,- DM

28 Teich, K.
Prozeßkommunikation und Rechnerverbund in der Produktion
1990, 52 Abb., 158 Seiten, ISBN 3-540-52764-8 78,- DM

29 Pfrang, W.
Rechnergestützte und graphische Planung manueller
und teilautomatisierter Arbeitsplätze
1990, 59 Abb., 153 Seiten, ISBN 3-540-52829-6 78,- DM

30 Tauber, A.
Modellbildung kinematischer Stukturen
als Komponente der Montageplanung
1990, 93 Abb., 190 Seiten, ISBN 3-540-52911-X 78,- DM

31 Jäger, A.
Systematische Planung komplexer Produktionssysteme
1991, 75 Abb., 148 Seiten, ISBN 3-540-53021-5 78,- DM

32 Hartberger, H.
Wissensbasierte Simulation komplexer Produktionssysteme
1991, 58 Abb., 154 Seiten, ISBN 3-540-53326-5 78,- DM

33 Tuczek H.
Inspektion von Karosseriepreßteilen auf Risse und Einschnürungen
mittels Methoden der Bildverarbeitung
1992, 125 Abb., 179 Seiten, ISBN 3-540-53965-4 88,- DM

34 Fischbacher, J.
Planungsstrategien zur strömungstechnischen Optimierung
von Reinraum-Fertigungsgeräten
1991, 60 Abb., 166 Seiten, ISBN 3-540-54027-X 78,- DM

35 Moser, O.
3D-Echtzeitkollisionsschutz für Drehmaschinen
1991, 66 Abb., 177 Seiten, ISBN 3-540-54076-8 78,- DM

36 Naber, H.
Aufbau und Einsatz eines mobilen Roboters mit
unabhängiger Lokomotions- und Manipulationskomponente
1991, 85 Abb., 139 Seiten, ISBN 3-540-54216-7 78,- DM

37 Kupec, Th.
Wissensbasiertes Leitsystem zur Steuerung flexibler Fertigungsanlagen
1991, 68 Abb., 150 Seiten, ISBN 3-540-54260-4 78,- DM

38 **Maulhardt, U.**
Dynamisches Verhalten von Kreissägen
1991, 109 Abb., 159 Seiten, ISBN 3-540-54365-1 78,– DM

39 **Götz, R.**
Stukturierte Planung flexibel automatisierter Montagesysteme für flächige Bauteile
1991, 86 Abb., 201 Seiten, ISBN 3-540-54401-1 78,– DM

40 **Koepfer, Th.**
3D-grafisch-interaktive Arbeitsplanung - ein Ansatz zur Aufhebung der Arbeitsteilung
1991, 74 Abb., 126 Seiten, ISBN 3-540-54436-4 78,– DM

41 **Schmidt, M.**
Konzeption und Einsatzplanung flexibel automatisierter Montagesysteme
1992, 108 Abb., 168 Seiten, ISBN 3-540-55025-9 88,– DM

42 **Burger, C.**
Produktionsregelung mit entscheidungsunterstützenden Informationssystemen
1992, 94 Abb., 186 Seiten, ISBN 5-540- 55187-5 88,– DM

43 **Hoßmann, J.**
Methodik zur Planung der automatischen Montage von nicht formstabilen Bauteilen
1992, 73 Abb., 168 Seiten, ISBN 3-540-5520-0 88,– DM

Die Bände sind im Erscheinungsjahr und in den folgenden drei Kalenderjahren zu beziehen durch den örtlichen Buchhandel
oder durch Lange & Springer, Otto-Suhr-Allee 26-28, D-Berlin 10